最受养殖户欢迎的精品图书

林蛙养殖

第三版

刘学龙　主编

中国农业出版社

第三版编写人员

主　编　刘学龙

编　者　崔明勋　梁晚枫　李海峰

　　　　鞠玉琳　刘学龙　马志强

　　　　刘佳琪

审　阅　张守发

第一版编写人员

主　编　刘学龙

编　者　崔明勋　梁晚枫　李海峰

　　　　鞠玉琳　刘学龙

审　阅　张守发

第二版编写人员

主　编　刘学龙

编　者　崔明勋　梁晚枫　李海峰

李太原　鞠玉琳　刘学龙

刘运龙

审　阅　张守发

第三版前言

本书第一版、第二版顺次于2003年、2006年出版。出版十年来，一直受到业内人士的喜爱与支持，为广大养殖户提供了较完善的技术指导，解决了诸多实际问题。近年来，随着人们生活水平的提高，保健意识的增强，对林蛙的需求日益增长，使得养殖林蛙的经济效益逐年上升，养殖户的热情与日俱增。我们通过理论与实践的结合，在林蛙养殖上掌握了更切合实际的新方法，故在第二版的基础上做了修正。

由于林蛙养殖技术的不断提高和改进，同时，也为了更好地体现本书的实用性，笔者简化了书中第一版和第二版已经总结过的原理和历史回顾、概况等内容，并根据具体实践更新了以往的用药方法及剂量，与时俱进地修正了国家新规定的违禁和淘汰兽药。增加最新和实用的养殖技术和用药技术等。

在编写本书时，虽经百般努力，力求广采博取，但由于水平有限，加之成稿仓促，仍难免挂一漏万。在此，笔者除向支持本书编写的同仁们深表感谢外，还望各位专家和同行们对书中不妥之处给予指出，在此谨一并表示感谢。

刘学龙

2013年6月于延边大学

第一版前言

本书是笔者多年从事中国林蛙人工养殖的研究和生产实践经验的总结，我们在开展中国林蛙人工养殖学的研究和生产实践中，广泛吸取了国内最新科技成果，通过不断实践，逐渐探索出一些符合我国国情、符合中国林蛙生态要求的养殖设施，摸索出一套养殖工艺，特别是在中国林蛙集约化养殖上的几种不同的养殖模式。

中国林蛙人工养殖中遇到的最大问题是发病较多，解决这个问题是发展中国林蛙人工养殖业，提高其经济效益和社会效益的关键。前几年，主要把研究工作重点放在饲养管理及养殖方法上，而随着养殖密度的增加，林蛙疾病越来越多，病情越来越严重，深究其原因，在于林蛙养殖密度加大后，其生态条件未能得到改善，甚至变得更加恶劣了。应该说，中国林蛙对不良环境的适应和耐受能力要比其他蛙类强得多，但长期在不良的环境条件下，中国林蛙不仅生长发育缓慢，而且极易患各种疾病，只有为中国林蛙提供其生长、发育、繁殖所必需的良好生态环境，才能使其健康顺利地生长，最终达到养殖者所要求的经济效益，达到对中国林蛙野生资源的开发与保护的目的。因此，无论封沟式养殖，还是集约化养殖，必须根据中国林蛙的生理要求，建造优良的养殖设施，为中国林蛙创造生长所需的生态条件，减少疾病发生，提高林蛙成活率。为此，本书围绕中国林蛙对生态环境的要求，着重介绍中国林蛙人工养殖的生态环境技术和饲养管理方法以及林蛙常见疾病的防治技术。

目前，我国在林蛙养殖方面的基础理论研究还比较缺乏，中国林蛙集约化养殖也刚刚起步，无论在理论上还是在实践上都有待于进一步完善，加之作者水平有限，不足之处在所难免，敬请读者批评指正。

本书在编写过程中，曾参阅了国内同行的大量文献资料，在此一并表示衷心的感谢！

编著者

2003 年 9 月于延边大学

第二版前言

本书自2003年出版以来，受到广大林蛙养殖户的欢迎与厚爱，也得到了同行专家的支持与鼓励，时间过去了两年，林蛙养殖技术也不断的发展与完善。加之，经常有林蛙养殖户通过书信与电话咨询他们在林蛙养殖中遇到的各种问题。目前，国家建设社会主义新农村，为了使林蛙养殖能够掌握和利用此项技术，尽快走上致富之路，我们在第一版的基础上进行了修订。

鉴于目前林蛙养殖中存在的问题，第二版虽然在结构和写作风格与第一版保持一致，但补充了一些新的内容，主要是中国林蛙封沟养殖中的沟系改造问题与林蛙天然饵料的诱生及诱集方法。

自动笔之日，夜以继日，不敢稍懈，唯望以勤补拙，减少谬误，然而心有余而力不足，书中的缺点与错误，难以避免。衷心希望广大林蛙养殖户和同行专家指正赐教，本人不胜感激。

刘学龙

2006年3月于延边大学

目录

一、中国林蛙人工养殖概述

（一）林蛙养殖的意义

中国林蛙以其特有的药用价值与营养价值而日益被人们所重视，成为蛙类中经济价值最高的一种。在各地所产的林蛙中，又以长白山区产的林蛙以其体格大、产油率高、体质健壮、繁殖率高而成为林蛙中的极品。林蛙油富含18种氨基酸、矿物质和多种维生素，其所含营养物质足以满足人体对各种营养成分的需求，因此具有极高的营养及滋补作用。由于林蛙本身特有的营养作用及药用价值不断被人们所认识。所以，以林蛙为主要原料的保健品不断被开发生产，致使林蛙价格不断上涨。但由于野生林蛙数量有限，并且不断遭到毁灭性破坏，使野生林蛙资源濒于灭绝的边缘，严重制约了林蛙加工业的发展。因此，产业化、规模化的林蛙养殖将是解决这一矛盾的最佳途径。

（二）中国林蛙野生资源与人工养殖

1. 中国林蛙野生资源状况　中国林蛙在20世纪70年代末之前，一直为野生状态，主要生活在阔叶林或针、阔叶混交林中的湿润地带或林边草甸及水边，因季节不同，它们的生活场所经常发生变化，但均在冬眠地500～2 000米范围内活动，主要采食林中各种昆虫。20世纪70年代以前，野生数量巨大，仅在吉林省1954—1973年，年平均收购雌蛙干品34吨，最高年收购量达80吨，而1996年仅收购几吨。野生林蛙资源急剧减少，有些原本盛产林蛙地区的林蛙资源也已到了枯竭的边缘。在野生林蛙远远不能满足市场需求的情况下，发展林蛙人工养殖是保持林蛙野生资源，满足市场供应的最有效途径。

2. 中国林蛙的人工养殖 进入20世纪80年代后，中国林蛙人工养殖逐渐兴起，经过不断深入研究，目前主要养殖方式有以下四种：

(1) 开放式 即封沟式养殖。选择环境适宜，有野生林蛙生长的山沟，施行封山，减少人为影响，使林蛙完全在自然状态下达到种群恢复，也就是林蛙的产卵、孵化、变态均在自然状态下进行。其优点是投入少，对恢复野生林蛙种群资源有利；缺点是受自然因素影响较大，回捕率低，经济效益差，很难形成一定规模。

(2) 半封闭、半开放式 选择适宜林地及昆虫数量较多的阔叶林或针、阔混交林，于林地边缘修建产卵池、孵化池、变态池和越冬池，使产卵、孵化、变态均在人为控制之下进行，可在同期培育出大量幼蛙，蝌蚪变态率较高。缺点是幼蛙生长发育期受自然因素影响较大，回捕率基本与开放式相同，不能形成规模，经济效益低。

(3) 封闭式 即围栏式林蛙养殖。把林蛙控制在一定的范围内进行饲养，使其产卵、孵化、变态、生长发育、冬眠等都在人为控制之下进行。封闭式养殖又分为：庭院养殖、塑料大棚养殖、水泥池圈养、塑料布围养。其特点是经验相对成熟，能形成一定规模，在一般农户可以推广。缺点是受自然因素影响较大，饵料缺乏是阻碍其发展的主要因素，很难形成产业化、集约化生产规模。

(4) 全封闭式 即中国林蛙工厂化养殖。使林蛙生长、发育、繁殖等方面完全在人工控制之下完成，大大减少了不定向因素，即不受外界气候变化之影响，施行高密度、大规模集约化饲养。其优点是可施行集约化、规模化饲养，成活率、回捕率高；

缺点是投资大，技术难点多，不易掌握。

目前，我国比较普遍的饲养方式为封沟式养殖和封闭式的圈养，由于受各种因素的影响，其回捕率只有5%左右，经济效益低，并且绝大多数养蛙场并未实行自繁自养，种蛙的主要来源依然是捕捉野生林蛙，其实质只是把野生的林蛙进行集中饲养，造成了自然资源的极大浪费，其潜在的经济效益远远没有发挥出来。目前，延边大学农学院正在集中精力进行中国林蛙工厂化养殖技术的研究，从1995年至今先后突破了饲养方式、饵料选择及性别控制等关键技术。特别是筛选出了饲料成本低、繁殖率高、易于管理的昆虫作为林蛙饵料，使中国林蛙工厂化养殖成为可能。当然，目前还有许多深层次的问题有待于进一步解决。

（三）中国林蛙人工养殖业存在的问题及发展方向

1. 中国林蛙人工养殖业存在的问题 目前，中国林蛙人工养殖方式主要有两种，即封沟养殖与集约化养殖。

（1）中国林蛙封沟养殖 所谓封沟养殖就是选择环境适宜，有野生林蛙生长的沟系实施封山，减少人为影响。使林蛙完全在自然状态下达到种群的恢复。其优点是投入少，对恢复野生资源有利；缺点是受自然因素影响大，回收率低，经济效益差，很难形成一定生产规模，特别是一旦到达承包期，对林蛙的捕捉将是毁灭性的。

当前存在的问题是回捕率低。据报道封沟养殖回捕率是5%或3%，实际连1%也达不到。影响回捕率的主要因素是环境、食物、天敌。

如果想要提高回捕率，应从三个方面入手：

在环境方面：引起林蛙死亡主要在冬眠期，由于林蛙越冬场所不足，分布不合理，造成大批林蛙特别是当年幼蛙大批被冻死。

在食物方面：引起林蛙死亡主要原因是昆虫数量不足，饥饿而死，特别是当年在变态期的幼蛙，因食物问题而引起死亡最高。

在天敌方面：引起林蛙死亡主要原因是鼠害等。

所以中国林蛙封沟式养殖走到今天就要上一个档次，改变以前"一条沟、一个坝、一个水库，全部当家"的封沟养殖模式，走出一条新型的中国林蛙封沟式养殖的道路，其主要的核心技术就是"沟系改造"。具体措施如下：

第一，增加林蛙越冬池的数量，包括越冬池的规模、分布、构造、密度，使其可以兼做产卵池、孵化池、蝌蚪池、变态池。

第二，就是增加林下昆虫的数量，其方法包括天然饵料的诱生法、天然饵料的诱集法，通过这两种方法来大幅度增加林下昆虫的数量。

第三，减少天敌危害，主要是鼠害，这方面可以借鉴蚕业养殖的灭鼠方法。

通过以上"沟系改造"措施，就能达到越冬池多，过冬的林蛙就多，产卵多，蝌蚪多，幼蛙就多，商品蛙就多，回捕率就高。所以，回捕率与越冬池的数量成正比，与敌害数量成反比。

（2）中国林蛙集约化养殖　所谓集约化养殖是把林蛙人为控制在一定范围，使其产卵、孵化、变态、生长、发育、冬眠等。例如，围栏式养殖、圈式养殖、网箱式养殖等。

其优点是：可以进行规模化饲养，回捕率高；缺点是：投资大，管理复杂，技术难点多，易患病，不易掌握。

目前，集约化养殖存在主要问题是发病率高，死亡率高。主要原因是环境设置不当，疾病防治措施不合理。因此，在进行中国林蛙集约化养殖过程中主要解决的"核心问题"有两个：

第一，环境设置问题。通过多年的研究和探讨，环境问题归纳为中国林蛙的"三喜、九怕、十项环境措施"。

三喜，即喜阴暗、喜潮湿、喜安静。九怕，即怕强光、怕雨淋、怕干燥、怕水浸、怕高温、怕压迫、怕浑浊、怕虫害、怕异味。

从而，不论采取何种集约化养殖方式都必须因地制宜采取相应十项重要环境措施，即遮阴、避雨、适温、保温、通风、排水、消毒、除害、防逃、隐蔽物。

第二，疾病防治问题。原则上以防为主，事实上环境问题与疾病两者关系是密切的，集约化养殖发病率高主要是由于环境因素不适宜造成的。

(3) 中国林蛙养殖未来发展方向 中国林蛙养殖未来发展方向是走中国林蛙封沟式养殖与集约化养殖相结合的道路，将两者的优点结合在一起，取长补短，走一条适合东北自然条件的中国林蛙养殖模式。即将中国林蛙集约化养殖技术引入到封沟式养殖中去，在封沟式养殖的环境条件下，开展“沟系改造”活动，走林蛙养殖分步走的战略。即第一年用集约化养殖技术将当年的变态幼蛙养殖在自然环境好、天敌少、昆虫多的环境中，采用天然饵料诱集、诱生法，并投入一定数量人工饲养的饵料昆虫，培养出大量的体质健壮的一龄幼蛙，冬眠时使其在封沟式养殖的天然越冬池中越冬；第二年春天任其自由地散布到森林中，秋季即可捕获，达到商品蛙的要求。其前提是沟系必须经过改造，集约化养殖技术必须掌握。

今后中国林蛙人工养殖方法，应有三条路可以走，即“新型的中国林蛙封沟式养殖”、“中国林蛙集约化养殖”、“中国林蛙封集式养殖”。各养殖户可以根据自己的经济实力和掌握技术的实际情况，因地制宜走出一条适合自己的养殖方式，使林蛙养殖的巨大经济效益充分地发挥出来。

①缺乏适宜的饵料　饵料问题始终是制约中国林蛙人工养殖业发展的首要问题。林蛙养殖业要发展，饵料问题必须首先要解决。应选育出饵料成本低，林蛙喜食，易于管理，繁殖率高的昆虫，在此基础上对林蛙进行驯化饲养，发展人工全价配合饵料。

②养殖技术落后　目前我国大部分养殖户采用封沟式养殖，这种粗放式养殖技术含量低，依赖天然饵料，饲养规模小，属低投入、低回报的粗放式养殖，难以形成规模化。

③养殖技术尚未普及　我国从20世纪80年代以来，几次形成了林蛙养殖热潮，尽管每次高潮情况不同，但均存在生产先行，技术落后的特点，养殖户不但没有得到高额回报，有的反而失去兴趣。目前，一些养殖户经常反映林蛙养殖难，回收率低，经济效益不高，其根本原因还是对林蛙养殖技术掌握不够。

2. 中国林蛙人工养殖必须解决的关键技术问题　为使中国林蛙人工养殖真正走向成功，应解决以下关键问题：

（1）在蝌蚪期加强饲养管理及变态的控制。蝌蚪发育健壮，才能使变态后的幼蛙体质健壮，捕食能力强，成活率高。

（2）创造幼蛙、育成蛙适宜的生长发育环境，使之能正常生长发育。

（3）选择出繁殖快、成本低、易于管理的昆虫，用于满足林蛙对饵料的需求。

（4）采取切实可行的措施，防止各种天敌的危害。

（5）加强林蛙疾病的防治，坚持以防为主，防重于治。

（四）中国林蛙人工养殖规模的确定

中国林蛙人工养殖业，总的来说，必须具备有一定的规模，才会产生较好效益，即所谓规模效益。虽然目前成形的模式很少，但我们认为应将林蛙养殖场，按其饲养数量分为这样几个级别，10万、50万、100万以上规模（饲养量是以年产商品蛙来计算），饲养量每上升一个等级，生产效率就有明显提高。

那么，多大规模合适呢？总体趋势是，规模必须扩大。规模扩大，养殖场数量减少，效益提高，因此林蛙的规模化、集约化养殖，是今后林蛙养殖业的发展方向。确定林蛙养殖场的适度规模，是林蛙生产者首先应考虑的问题，要确定适度的规模，必须考虑以下几点：

1. 市场情况 林蛙产品市场缺口很大，以林蛙为原料的产业，如饮食业、医药行业、保健品行业原料供不应求，国内外一直处于市场畅销局面。

2. 劳动力素质 20 世纪 80 年代中期以来，林蛙养殖业在我国只出现几次高潮。尽管每次高潮的情况不同，但都有一个共同的特点，即生产先行，科技落后，结果造成损失，甚至失败。一些养殖者也因此失去了对林蛙养殖业的兴趣，一些养殖者也经常反映林蛙养殖难，其实还是对林蛙养殖技术掌握不够。例如，疾病和林蛙生长环境能否有效控制，各阶段林蛙成活率和饲料供应有无保障等，这些因素影响林蛙养殖的经济效益。因此，加强对林蛙养殖技术的掌握程度，规模应由小到大，逐渐展开。

3. 养殖形式（模式） 林蛙养殖要达到产业化和规模化，必须改变传统的养殖模式（封沟式），开展封闭式、全封闭式林蛙养殖。封沟式养殖由于自然因素无法确定，即使人为再创造好的条件，也只能恢复到自然水平，达不到规模化生产需要，浪费大量人力物力及资源。封闭式、全封闭式养殖，解决了环境、饲料、天敌三大阻碍林蛙养殖业发展的三个主要方面问题，使规模化、产业化、集约化养殖林蛙得以实现（封沟或利用放收式饲养，依赖天然饵料，低投入、小规模、低产出，很难形成林蛙规模化生产）。

4. 饵料的来源问题 饵料问题始终是制约林蛙养殖业发展的首要问题，有关饵料问题的解决与否，直接影响养殖规模的确定，目前室外封闭式养殖解决饵料的来源有三方面：一是人工养殖动物性饵料；二是自然诱生动物性饵料；三是引诱自然动物性饵料。全封闭式解决饵料来源有两方面：一是人工养殖动物性饵料；二是人工全价配合饵料。因此，要想养好林蛙，首先解决饵料的来源。

二、中国林蛙人工繁殖技术

（一）种蛙的选择

人工养殖林蛙，可以用种蛙繁殖，也可从野外采集卵进行繁殖，前两年要采集野生林蛙作种蛙，第三年可用自己生产的蛙作种蛙。种蛙的优劣关系到人工繁殖及商品蛙的质量，种蛙好坏标准主要从以下几方面考虑：

1. 年龄的选择 种蛙应选择已达性成熟年龄的蛙。3～4年生为林蛙的壮龄，生命力旺盛，怀卵量高，繁殖力强，适宜作种蛙，一般二龄林蛙可达性成熟卵量一般1 000～1 200粒，三年生1 500～2 000粒，四年生2 000粒以上，年龄太大，四年以上不宜作种蛙。

2. 体质的选择 选择个体较大，体质健壮，无损伤，跳跃灵活的蛙。按林蛙形态选择标准体色，背上有人字斑，黑褐色为上佳，二年生27克以上，3年生40克以上，4年生56克以上。林蛙在生殖期间不摄食，性腺发育，主要依靠体内积累的脂肪供给，所以要选择膘肥体壮，活泼好动的蛙，对体型小，体质不健，活力不足或患病蛙，不宜选作种蛙。

3. 性别的选择 选择种蛙时要注意雌、雄比例的合理搭配。种蛙雌、雄搭配比例以1∶1为好，多雌少雄或多雄少雌均会引起相互斗争，影响发情产卵。

鉴别雌、雄的方法（表1）：一看腹部颜色，金黄为雌，灰白为雄；二看前肢第一指，发达，内侧有瘤状突起者为雄，不发达，无瘤者为雌，此瘤亦称为婚瘤、婚垫，再者雄蛙鸣叫，雌蛙不鸣叫。

表1 雌、雄林蛙鉴别

部位	雄	雌
体型	稍小	较大
腹部颜色斑	灰白带褐斑	多为带白色夹橙红色斑
躯干宽高	较小	较大
前肢	较粗	较细
婚垫	有	无
内声囊	有	无

（二）种蛙的培育

种蛙培育要从秋季开始，从当年孵化出的幼蛙中选取生长速度快，体格大，体质壮的幼蛙，加强饲养使其体内贮存丰富的营养，确保安全越冬。从以下几方面做起。

1. 创造适宜的环境 种蛙性腺发育，需要环境安静，无外来干扰，温、湿度合适，因此要杜绝闲杂人员进入蛙场，减少噪声，避免发出强烈的声响，创造安静的场所。

2. 供给充足的优质饲料 培育种蛙，每天投喂占体重5%以上的适口动物性饵料，种类要多，并保证微量元素与维生素需求，每天投喂两次，上午8～9时，下午16～18时，不要喂得过饱，以投喂后2小时内吃光，为投饵量的标准，每次投喂前要清除残饵，防止种蛙食入腐败饵料，预防疾病的发生。

3. 加强日常管理 种蛙培育要精心管理，早晚要巡池检查，发现问题及时解决，特别要加强防逃逸、防病害、防偷盗等工作。

（三）林蛙的自然发情产卵

在野生状态下，林蛙的发情产卵包括出河、抱对、产卵三个既相互联系又互相独立的阶段组成。在正常情况下，出河之后，多数蛙在5小时左右开始抱对，抱对后6小时开始产卵。但少数林蛙出河之后并不立即抱对，或抱对之后不产卵，须数天之后才能产卵。遇有特殊条件，如突然降温，降雪情况，正在出河的林蛙能立即停止出河，出河之后停止抱对产卵，待到温度上升出现适宜温度时才抱对产卵。林蛙不能在其越冬河流中产卵，成蛙在生殖期间，必须从越冬河流里出来，转入静水区产卵，此过程为出河阶段。

随着春季温度升高，河流解冻，林蛙由冬眠状态苏醒过来，雌雄个体分别从各自的冬眠场出来，靠岸登陆并奔向产卵场。最先出河多数为雄蛙，开始时出河数量较少，随气温升高数量也增加。

林蛙出河时间，因地而异，一般是4月初至4月中旬，延边地区出河时间为4月初，清明时节前后，出河比较集中，1周时间基本结束。

抱对：林蛙没有外生殖器，其产卵抱对只是起异性刺激作用，引起雌蛙排卵，雄蛙排精，精、卵在体外结合，完成受精过程，抱对是产卵的准备活动。

林蛙产卵一般选择在静水区，一般在产卵场的边缘浅水处，水深10～15厘米，最深不超过25厘米。

林蛙在产卵前7～10天开始跌卵，跌卵期的适宜水温是3℃以上，低于1℃则不能跌，跌卵是在冬眠的河里进行，出河时跌卵已经完成。跌卵的过程可分为三个阶段，即卵细胞跌落，包裹腹膜，子宫贮存。首先卵细胞突破卵巢上皮逐渐跌落下来，游离在体腔里，即卵细胞靠体腔液的流动，腹肌收缩，以及喇叭口周围纤毛运动，使卵进入喇叭口沿输卵管下行，输卵管内壁有很多腺体，卵细胞通过输卵管时被腺体分泌物包裹。腹膜卵细胞从输卵管出来，进入子宫，暂贮存在子宫里，整个跌卵期需5～7天。当卵细胞全部通过输卵管进入子宫后，输卵管的胶体物、输卵管体显著缩小，呈线状，颜色为淡黄色。

林蛙产卵最低水温是2℃，适宜水温为8℃。

生殖休眠：林蛙产卵后，潜入土壤中休眠，时间10～15天，产后雌蛙必须进行生殖休眠，否则种蛙死亡率高。人工饲养时应注意这一点。

（四）林蛙的人工催产技术

在人工养殖林蛙，特别是在各类圈养的情况下，更具有现实意义。例如，正常林蛙产卵，孵化在4月中旬，而通过各种方法进行人工催产，可以提前到2月末或3月初，提早进行蝌蚪培育使当年幼蛙能获得更多的生长发育时间，当然这需要各种条件都满足的情况下才能实现，其中最主要是饵料问题，3月初产卵，4月中旬即变态，那么这时自然界温度低，诱生昆虫还十分稀少，要有足够的动物性饵料和一定的保温措施。

1. 催情作用 当种蛙性腺已经发育成熟，因其自身或环境条件限制而不能如期产卵时，则应进行人工催情、产卵、受精。

对林蛙催产有效的药物有蛙或鲤鱼的脑垂体、促黄体释放激素（LRH-A）、绒毛膜促性腺激素（HCG）。使用催产剂的作用在于促进卵细胞或精子进一步成熟，使卵细胞同步成熟并跌落到腹腔中，并使种蛙神经兴奋，肌肉收缩，将卵细胞或精细胞排出体外。

2. 催产剂的配制 目前，林蛙催产药物多数还是选用鱼、畜应用的催产药物，但剂量有别于鱼和家畜的用量。据各地经验，对蛙有效的催产剂用量是：

（1）单一药物注射 黄体酮释放激素500～600微克/千克，垂体20～40毫克/千克，绒毛膜促性腺激素4 000～6 000单位/千克。

（2）混合药物注射

①40～80微克（LRH）＋8～16微克（垂体）/千克。

②LRH（500微克）＋HCG（1 200单位）/千克。

③垂体（6～8 个）＋LRH（400 微克）＋HCG（1 000单位）/千克　以上药物及用量以雌蛙为准，雄蛙减半使用，药物用生理盐水及注射用水将药物溶解稀释，配制的药液量以每次蛙注射 0.2～0.3 毫升为宜，配制的药物和注射用具应无污染和严格灭菌，以免感染细菌,致病而影响发情产卵。

3. 催产药物的注射　催产注射的方法有一次性注射或二次性注射。一次性注射是将所配的催产液一次注入种蛙体内，二次性注射是先配制总剂量的 1/5 的药液注入蛙体，12 小时后配制另外 4/5 药液注入蛙体。一次性注射操作简单，二次性注射虽然麻烦一些，但能促进欠成熟的种蛙的性腺发育，迅速达到完全成熟。使群体产卵整齐完全。

注射部位：一般选择在臀部两侧肌肉丰厚处，此外，在腹部皮下也可进行注射，注射时针取 45°扎入皮下 0.5 厘米即可，再慢慢将药物注入，退针时用手指压针眼防止药液外溢，在注射时针头不要损伤蛙的骨骼及内脏，否则出现流产、死亡。

4. 催产后的管理　经过催产注射的种蛙，成比例放在产卵池中，若环境和水温适宜，一般经过 30～50 小时，都会发情、抱对、产卵、受精，受精率也在 90％以上。

催产后 60 小时仍不见种蛙抱对、产卵，则应及时检查。先查水温、水质等环境因素，再查催产药量、剂量，注射时技术有无差错，然后看种蛙腹部有无明显变化，腹部增大程度。若种蛙腹部变化不明显，则是性腺尚未成熟，则应继续饲养；若稍有变化则是卵细胞尚未成熟或刚开始退化，可以补注减半剂量的催产药进行补救，若明显膨大，松软，则卵细胞已过成熟退化，无法逆转，只能淘汰。

5. 蛙、鱼脑垂体摘取与保存　选择已性成熟的各类蛙或鲤鱼，用快刀从其头后端下刀，向前徐徐地把头盖骨揭开，除去脂肪，取出脑，位于双眼后端，在视交叉神经下面，近似倒三角形的基点处，脑腹面的骨窝里，可见一白色小颗粒，大者如高粱粒大小，小者如小米粒，或还小，这就是脑下垂体，再用小镊子挑去外层的薄膜，以类似耳勺的器具配合，将垂体完整地取出。

取出垂体后，除去外表上的黏附物，投入70%的酒精中固化浸泡4～6小时，弃去旧液，换新液，再浸泡10～12小时，然后转入无水酒精中脱水，12小时后将垂体转入盛有丙酮的小瓶中浸泡，同时封口，可长期保存，经3～5年取出使用效果仍然良好。

使用垂体时，从丙酮保存液中取出所需垂体，晾干，放入研钵中磨成细粉，逐滴滴入生理盐水，再研磨成糊状，继而成乳液，然后加入所需液体，拌匀后即可注射。

（五）林蛙的同期排卵技术

由于种蛙之间个体的差异，雌蛙在自然状态下产卵，产卵时间分散，在同一地区间距长者也有10～15天，使蝌蚪发育不整齐，变态也不集中，同时有一种现象，在同一水池中如果密度过大，大蝌蚪可分泌有毒物质，抑制刚孵化出的蝌蚪的生长。这既不利于规模化的蝌蚪饲养，也给管理带来诸多不便。林蛙同期排卵技术，就是将林蛙的产卵进行科学管理，使其控制在24小时内90%以上的雌蛙产卵结束，使整个蛙场的蛙卵孵化、蝌蚪的生长、蝌蚪的变态均比较整齐，在一个相对较短的时间内，整体体现出比较均匀一致的生长发育的过程。同期排卵的方法有：

1. 药物方法 取体重及发育状态相似的冬眠中林蛙，雌、雄分开，按上节药物催情法注射催情药物（参考上节），注射后48小时，将雌、雄按比例（1∶1）放入产卵池，雌雄抱对、排卵，基本上24小时内产卵结束，收集蛙卵，统一在孵化池内孵化，注意阳光及水温控制（此法主要适用于科研用，畸形较多）。

2. 控制抱对法 将已发育成熟的种蛙强制性地把雌、雄分开放置在7～8℃环境内（不能放在水中），不能挤压，2～3天后，逐渐将温度升高到12℃，并放入产卵池中，产卵池一侧露地，一侧水深 30 厘米，需安静及正常阳光照射（池水温度 12℃），雌、雄比例 1∶1，24 小时内基本上抱对产卵结束。

（六）林蛙卵的孵化技术

林蛙产卵后及时将卵捞出，放在孵化池中，蛙卵一般分为动物极与植物极两个半球。动物极半球内分布大量的黑色素，呈现深黑色；植物极半球因黑色素少，呈现乳白色，刚产出时，动、植物极尚不明显，受精后 30 分钟，动、植物极变化十分明显，黑白分明，并有自我转动，调整动、植物极的能力。凡受精卵其动物极在上，植物极在下，即使人为逆转，在几分钟内又会自动恢复到原来位置。如果产卵后 1 小时还有植物极朝上，即看到白色卵粒，则表明此卵未受精。卵的外层包有胶质薄膜，吸水膨胀，使卵粒周围出现均匀的间隙。连片漂浮于水面也有因伸展不开而成团的卵球悬浮在水中。受精卵细胞经过无数次分裂发育形成胚胎，直至脱膜成为蝌蚪。

1. 卵 在人工繁殖情况下，在种蛙产卵后，在蛙卵直径达 5 厘米时就应及时将其捞出放在孵化网箱中。蛙卵发育到一定程度，其胶膜逐渐软化，达芽胚期后卵带浮力降低而沉入水底，为防止胚胎沉入池底被泥沙埋没，应及时置于孵化网箱中，让卵块伸展均匀分布于水表面,任其自然孵化。

2. 孵化 常用的孵化蛙卵的工具有孵箱、孵池、大木盆、水缸等，其中以孵化箱操作简单、方便，效果最佳，工作从以下几方面着手：

（1）清池灌水 放卵孵化之前，应将孵化池或孵化器具严格消毒。孵化池用 200 克/米^3 的生石灰或者 1 克/米^3 的漂白粉全池泼洒，将水中的敌害、病菌全部杀死，器具可用 1 克/米^3 的漂白粉浸洗 30 分钟。然后池内灌进清洁无污染的水，要求溶氧量要高，浮游动物少，水温恒定，水深 30 厘米。

（2）放卵 在放置卵块的水表层放上一层薄薄的水草，将卵块放在水草上，再用光滑的棍棒轻轻拨动，帮助卵块均匀分布，避免卵粒下沉堆积。

(3) 孵化密度 采用专门的孵化器具孵化，一般在孵化后不久就移入蝌蚪池培育，时间短，孵化密度可以大些，一般每平方米放置5～6团。孵化网箱透水性好，箱内外水体可以交换，孵化密度可以大些。若用土池孵化，一般可在同池中直接转入蝌蚪培育，放卵密度不宜过大，平均每平方米放2 000粒左右（1团）。

孵化密度与孵化率一般成反比，密度越大，孵化率越低；相反，密度稀，孵化率高。蛙卵数量的计算多数采用方格计算法：把平铺水面的卵块用尺丈量其总面积，然后取方正的100 厘米^{2}范围卵块，计数其内卵粒量,然后推算总量。

(4) 孵化时间 林蛙卵孵化时间长短与水温成正比，在水温19～22℃时，3.5～4 天即可脱膜成蝌蚪，水温在25～31℃时2.5 天就可孵出蝌蚪。但温度高对孵化质量不利，宜出现畸形蝌蚪。林蛙卵对低温有很强的抵抗力，在2℃时可正常发育，但发育速度缓慢，在整个发育初期水温5～7℃为宜，中期在12℃为宜，末期保持在14℃为好。

孵化时在静水区，泥沙含量低，适合卵孵化，而人工养殖依靠灌水，孵化池是流动而不平静，不可避免带来泥沙形成沉水卵，降低孵化率，所以孵化时必须保证水质清洁，泥沙含量低，尽量保持静水条件，以减少泥沙对卵团的污染。

林蛙在自然条件下胚胎是在中性条件下发育，pH 为6～7，但不能在碱性条件下发育，水体碱性或酸性大，破坏蝌蚪体液平衡，会导致蝌蚪中毒死亡。

(5) 日常管理 同一天产的蛙卵，放入同一个孵化箱或池中，不宜把不同时期所产的卵并入一个孵化箱或孵化池中，以免先期孵化的蝌蚪吸吮后期未出膜的卵粒，降低孵化率。

①用草帘或棚盖等在孵化箱或孵化池上架设遮阳网，遮阳避雨（天热气温高时）。

②在孵化过程中，避免搅动水体，加灌新水时流量要小，不要冲动卵块。清网除杂要小心细致，防止胚体或刚出膜蝌蚪受损。时刻防止卵块或蝌蚪堆积死亡。

③调控水的深度，初期孵化箱和孵化池的水深可浅些，30厘米。能增加水温，利于孵化，孵出蝌蚪后应逐渐加深水位，达40～50厘米，增加水体，恒定水温有利于蝌蚪发育。

④蛙卵孵化期间应勤检查，发现问题及时处理，对孵化箱孵化，应防止青苔、淤泥封闭网眼，影响水体交换。孵化池应加强防渗漏防敌害。

（七）林蛙优良品种的选育

目前林蛙养殖户所养殖的中国林蛙，几年后，就将出现生长速度下降，体重减轻,从而导致经济效益逐年降低,最后甚至亏损，其中一个重要原因，就是没有对种蛙进行合理而系统的选育，近亲繁殖，使林蛙出现了严重的退化现象。实际上当前养殖的林蛙仍处在由野生变为家养的初级阶段，在家养过程中，选择场址，建设养殖设施，都应该尽量满足林蛙的野生习性，模拟林蛙的自然生存环境，但事实上，人工环境肯定会与自然环境存在一些差别。林蛙在适应新环境过程中，总会有些不适应，有的个体适应良好，有的个体可能就不适应，系统选育就是根据这种自然发生的变异，通过长期不懈的人工选择，把适应人工养殖的优良个体选留下来，为其提供更多的繁殖机会，从而使人工养殖的群体更趋家养化，从而简化饲养管理方法，提高养殖成功率，降低养殖成本，因此，搞好优良品种的选育具有长远意义。

系统选育除了逐代进行，长期坚持之外，还要注意以下几个问题。第一，要有明确的选育目标。在现阶段应该以家养条件下快速生长为总目标，重点选择那些在人工养殖条件下生长迅速、活泼健壮的个体。第二，避免近亲繁殖，不能将同一群体中选出的林蛙进行配对，防止品种的退化。第三，建立详细的品种选育档案，特别是林蛙种蛙繁殖场更应该如此，在日常管理过程中随时记载各个体及群体的生长情况，及时淘汰那些不符合种蛙要求的个体或群体，具体操作过程如下：

纯种长白山林蛙（双八林蛙）系统分离育种。

1. 育种思想 中国林蛙长白山亚种是其他地区产中国林蛙的原始种，但由于中国林蛙在野外山林中生活，多年来形成一个混杂的群体，这个群体内存在十分复杂的、各式各样的变异，以长白山各地的野生林蛙作为育种的原始材料，采用系统分离育种方法，就能够在生态类型不同，性状复杂的地方原始材料中，整理选出适合要求的新类型、新品种，通过系统分离育种也能够提高中国林蛙对饲养环境、条件及某些人工饵料的适应性，并改进野生林蛙的某些缺点和不足，这种育种方法符合中国林蛙产业化的要求，并有方法简单、收效快的特点，因此是现阶段中国林蛙育种的最为有效的方法。

2. 育种的目标 培育出体质健壮、体格大、产油率高、油品质好、繁殖率高、抗逆性强、体色黑褐色、头后方有“双八”黑斑的中国林蛙，其他标准参看“中国林蛙长白山亚种种质形态特征”。

3. 育种的技术 第一，要征集育种的原始材料，即收集符合条件的有“双八”字纹的成蛙。第二，在被选中的优良个体之间进行随机交配。第三，从下一代混合放养的群体中选择符合条件优良个体再进行随机交配，如此这样，连续多代，每一代都要选择符合条件的优良个体，就能选择出优良品种（4～5代）。第四，在以上基础上开始建立家系，以家系内个体间交配，并以家系为单位分区放养（3～4代）。第五，在家系基础上再分成几个小系，实行同一家系不同小系之间的交配。

经过以上过程，最终就可以培育出遗传性状稳定，符合培育目标的纯种的中国林蛙长白山优良品种。

4. 培育过程主要鉴定工作 在中国林蛙系统分离育种中，

性状鉴定贯彻于工作的始终，主要包括有生物学特性、生命力鉴定及经济性状的鉴定，这些鉴定贯穿于整个育种过程，贯穿于林蛙生长发育的各个阶段，即种蛙选择期、卵期、蝌蚪期、变态期、幼蛙期、成蛙期。

（1）种蛙选择。

（2）卵期主要鉴定项目　产卵量、孵化法、孵化率。

（3）蝌蚪期主要鉴定项目　发育过程、变态率、成活率。

（4）幼蛙期主要鉴定项目　体色、体型、体重、发育过程、成活率。

（5）成蛙期主要鉴定项目　体色、体型、体重、发育过程、成活率、输卵管重、产卵量、成蛙交配情况、产卵性能。

5. 中国林蛙养殖技术规范

（1）适应范围　本规范适用于中国林蛙封沟式养殖及中国林蛙品种选育，主要对林蛙各个发育阶段特征、特点及主要技术指标做出了规定。

（2）中国林蛙长白山亚种种蛙的形态特征标准　鉴别特征：体型大而肥，雄性体长53毫米以上，雌性体长65毫米以上，雌性体腹红棕色，胫跗关节前伸达眼或吻鼻端，胫长大于体长之半，趾蹼蹼缘几无缺刻，颌腺粗大。

形态简述：体型粗大肥壮，头宽扁，头宽略大于头长，吻端钝圆，后肢较长，约为体长的170%，胫跗关节前伸达眼或吻鼻部，胫长大于体长之半，左右跟部重叠较多，趾蹼发达，趾蹼几无缺刻，腹面无明显痣粒，体背皮肤较光滑，疣粒稀少，颌腺粗大，生活时雄蛙体背灰褐色或深棕色，腹面灰白色或红棕色，雌性背面灰棕或红棕色，杂以黑斑，腹面红棕色，散缀灰色或灰褐色斑。

（3）中国林蛙长白山亚种生产性能特点　具有体型大、体质强壮、繁殖率高、生长发育快、产油率高、油品质好、抗病力强、适应性强、生命力强等特点，为中国林蛙人工养殖的首选品种，其输卵管是林蛙油中的地道药材。

(4) 主要生长发育的技术指标

①体长与体重

30 日龄蝌蚪：体长 1.2～1.6 厘米，尾长 2.7～3.0 厘米，体重 0.9～1.1 克。

变态幼蛙：体长 1.3～1.6 厘米，体重 0.4～0.6 克。

一年生幼蛙：体长 3～4 厘米，体重 4.5～5.5 克。

二年生幼蛙：雌蛙体长 6.0～7.0 厘米，体重 25～30 克；雄蛙体长 4.5～5.5 厘米，体重 12～15 克。

三年生幼蛙：雌蛙体长 7.0～8.0 厘米，体重 35～45 克；雄蛙体长 6.0～6.5 厘米，体重 15～25 克。

四年生幼蛙：雌蛙体长 8.5～9.0 厘米，体重 45～55 克；雄蛙体长 4.5～5.5 厘米，体重 20～30 克。

②产卵数与产油量（干重）

二年生雌蛙产卵量：800～1 000粒，产油 1.5～2.0 克。

三年生雌蛙产卵量：1 500～1 800粒，产油 3.0～3.5 克。

四年生雌蛙产卵量：2 000～2 200粒，产油 4.5～5.0 克。

③适宜的温度

冬眠期水温：2～4℃；

产卵期水温：7～10℃；

孵化期水温：15～20℃；

蝌蚪期水温：18～20℃；

变态期水温：20～25℃；

陆地生活期温度：18～28℃。

④投放密度

孵化期：5～10 团/米^2 水面；

蝌蚪期：前期（20 日龄以前）3 000～5 000只/米^2 水面；

后期（20 日龄以后）1 000～2 000只/米^2 水面；

变态幼蛙饲养：2～5 只/米^2。

⑤雌雄比例

一年生幼蛙期：1∶1；

二年生育成蛙期：4.5∶5.5；

三年生成蛙期：4∶6。

⑥生命力的标准

产卵率：95％；孵化率：90％；变态率：80％；冬眠后成活率：90％；生殖休眠后成活率：70％。

(5) 主要技术措施

①产卵期主要技术措施　同期排卵，合理配对，产卵水温，孵化方法。

②蝌蚪期主要技术措施　培育大蝌蚪方法，提高蝌蚪成活率方法，提高蝌蚪变态率方法，提高变态幼蛙成活率方法。

③幼蛙期主要技术措施　环境措施，食物措施。

④育成蛙期主要技术措施　环境措施，天敌防治方法，食物增加方法。

⑤冬眠期主要技术措施　越冬池修建原则及注意事项，水中溶氧量的控制方法，提高冬眠成活率方法（以上详细内容见本书相关内容）。

（6）疾病的防治规范　见本书相关内容。

三、中国林蛙蝌蚪的培育技术

蝌蚪是林蛙养殖的物质基础，一般每育成 5 万只商品蛙，需培育蝌蚪 10 万尾。蝌蚪在变态之前的食性与鱼类相似，所以它们的饲养方法也与鱼苗培育相似，蝌蚪培育技术，主要目的是培育出体格大、体质健壮、发育整齐的蝌蚪，使变态幼蛙具有捕食能力强，生长迅速，防止侏儒蛙的产生。

（一）蝌蚪的放养

1. 清池、消毒　蝌蚪饲养池在放养之前要严格做好清池、消毒工作，蝌蚪池清除干净，无碎石、垃圾和杂草，要防止事故发生，用生石灰消毒，漂白粉消毒，消毒需提前 15 天进行，待消毒药物毒性消失后才放养蝌蚪。所以这项工作可以与采卵孵化同期进行。

用量：生石灰 200～300 千克/公顷（水深 0.3 米）；漂白粉 20～30 千克/公顷。

2. 培肥水质　蝌蚪池消毒后，应及时注入新水，加到 0.3～0.5 米深，同时泼洒人、畜粪水1 000千克/公顷，培肥水质。也可用水草，如青蒿、野草（无毒），要求池水色呈黄绿色，以水透明度在 35～40 厘米，肥度适中，若水质过瘦，水中生物饵料缺乏，下池蝌蚪食物不足影响生长。水质过肥，呈油绿、黑绿色，15 日龄内蝌蚪易患气泡病或缺氧窒息死亡，成活率低。

放养密度：根据蝌蚪水源、水深和饵料供给条件以及饲养要求，确定放养密度，作为林蛙养殖，要求幼蛙变态早，个体大，体质健壮，则应尽可能稀放，一般采用一次性培育1 000尾/米^2，采用二次性培育前阶段（15天）放养3 000～4 000尾/米^2，15天后再分稀进行后阶段饲养，这时密度1 000尾/米^2。同时水源好，水深，饵料充足的蝌蚪池，可以密放；反之，则稀些。

（二）蝌蚪的饲喂

1. 10日龄蝌蚪的饲喂　蝌蚪开始摄食时，一般以微小浮游生物为主要食物，也吃颗粒细小的蛋黄浆、豆浆、猪血等。

饲喂方法：①在放蝌蚪入池之前适量培肥水质，肥度适中，若过肥应冲淡水质才能放养。②在网箱或孵化池内吊放1～2个饵料台，饵料台可用脸盆等制作，沉入水下20厘米，每天放2～3次蛋黄浆、豆浆或猪血等入盆内，让蝌蚪自由摄食，投喂量以饵料台既不缺食又无剩余饵料为准。

2. 10～30日龄蝌蚪的饲喂　10～30日龄蝌蚪已进入生长旺期，对环境的适应性增强了，除继续培肥水质，保持水色油绿或茶褐色之外，还应更多投喂些豆浆、麦麸或配合饲料，辅投些肉粉、肉糜、鱼粉等动物性饲料，每天上、下午各一次。投喂时大部分投入固定的食台上，少部分泼洒在池内阴凉处，饲喂量以饵料台上无残存剩饵为准。

3. 1月龄以上蝌蚪的饲喂　1月龄以上的蝌蚪，后肢开始萌发，正处在发育变态的阶段，食量大，每天投喂饵料2次，饲料种类应逐步增加动物性饲料比例，多投些肉糜等，同时注意保持水的肥度，这样能加速蝌蚪的发育变态。

变态后期蝌蚪的饲喂：当蝌蚪养至35～40天时，蝌蚪进入变态后期，这时蝌蚪前肢已伸出皮囊，尾部尚未完全萎缩，不吃少动，靠吸吮尾部营养。所以，这部分蝌蚪不必再投喂食物了，但因为同池蝌蚪在变态时间上很不一致，那些尚未进入变态后期的仍需吃食，可以酌情投喂。

（三）蝌蚪的日常管理

1. 管好水质 蝌蚪培育池水质要“肥、活、嫩、爽”。水肥：指肥度适中，从黄绿—油绿—茶褐色逐步加浓，水的透明度从 35 厘米，最后控制在 20～25 厘米。水活：注入新水，每 5～7 天一次，每次加深 7～10 厘米，保持水体中浮游生物旺盛的生长能力。水嫩：要求水色随阳光强弱变化而变化，这说明浮游植物有较好的趋光性，种群正处在生长旺盛期。水爽：指水中悬浮的泥沙及一些胶质团粒少，这种水有利于水生饵料的繁殖增长。

凡水质恶化、变质，都对蝌蚪生长不利，应及时通过排放池水，增加肥度等办法调整。同时应防止山洪水、有毒水侵入蝌蚪池，防止池子渗漏。

2. 调节水温 蝌蚪比较细嫩，对温差很敏感。当水温升到 30℃以上会使蝌蚪停止生长，甚至导致死亡。水温降到 8℃以下就停止摄食。瞬时温差超过 2～3℃，也会使刚出膜的蝌蚪死亡。因此，早春池水宜浅，有利于太阳照射升温，孵化期 10～12℃，蝌蚪期 20～22℃，前者水浅 30 厘米，后者水深 0.4～0.5 米，高温季节则应加深水位，或搭设荫棚放置一些水草，防止水温升得过高。

蝌蚪入池或转池时，要调对好运输蝌蚪的水体与温差，达到基本一致时，才能放蝌蚪入池。

3. “四定”投饵 蝌蚪一定要坚持“四定”投饵。

定质：蝌蚪饵料要新鲜、清洁，凡腐败、变质的饲料不能投喂，否则会发生胃肠炎等疾病。

定量：每天投饲量应按蝌蚪总重量 3%～10%的范围内变动。蝌蚪个体小，投饵比重大些，个体大比重小些。水温高时比重大，水温低则比重小。新鲜饵料比重大，干饵料比重小。

定时：每天 2 次定时投喂。

定位：要设置固定饵料台，定位投放饵料。

4. 加强蝌蚪变态期的管理 蝌蚪饲养经30～35天开始出现后肢，40天左右开始伸出前肢、尾部渐渐萎缩，并开始登陆。在这个由水生到陆地的变态期间，蝌蚪不仅在外表有明显变化，体内也发生质变。呼吸器官由内鳃的鳃盖消失而出现肺囊由肺来担任，肠道迅速变短，食性由植物性为主转变为以动物性为主。为了适应陆栖生活需要，其他器官也发生相应变化。

在各种器官、生理发生变化的变态期，蝌蚪身体十分脆弱，生命时刻处于危险之中，稍有不慎就会导致蝌蚪死亡。

注意事项：

（1）保持一个安静的环境，使变态蝌蚪不受惊扰，充分休息，养精蓄锐，顺利完成体内各部位的转变。

（2）变态后期蝌蚪须登陆呼吸，所以在建造蝌蚪池时坡度要小些，若达不到要求应增放些木板等漂浮物，给予登陆休息。

（3）变态后的蝌蚪应立即设置饵料台，开始投喂活饵料，使幼蛙及时生长、发育。

5. 病害防治 蝌蚪在饲养过程中可能发生的疾病主要有下列几种：

（1）车轮虫病 此病多发生在密度大，蝌蚪发育缓慢的池中，得病的蝌蚪全身布满车轮虫，肉眼观察可见其尾鳍出血，常浮于水面。

治疗方法：是使用硫酸铜和硫酸亚铁合剂（5∶2）全池泼洒，使池水浓度达1.4克/米^3。

（2）气泡病 此病是由于水体的溶氧、氮气等气体太高，被蝌蚪吸入体内而发病。患气泡病的蝌蚪身体膨大，仰游水面，肠内充满气体。

治疗方法：将发病蝌蚪捞出置于清水中暂养1～2天，不投饵料，病情好转时再放回原池，全池更换新水。

（3）水霉病 该病是由于对蝌蚪捕捞和搬运时操作不慎使皮肤损伤，致使水霉的菌丝深入肌肉，蔓延扩展而成。发病蝌蚪游泳失常，食欲减退，瘦弱死亡。

防治方法：蝌蚪培育池要用生石灰彻底消毒，对发病蝌蚪可用 5 克/米^3 的高锰酸钾溶液清洗 30 分钟。

6. 变态后幼蛙的收集 封闭养殖人工养殖林蛙，不同于封沟式半封沟式林蛙养殖。封沟的幼蛙可直接上山，半封闭的从变态池可直接进入围栏；而封闭式养殖（土池、网箱、水泥池）时在变态幼蛙阶段必须进行收集后放入指定的饲养地点。收集变态幼蛙是一项既费时又费力的工作，同时变态幼蛙处于一个生态关键时期，必须对此加以高度重视。

目前主要有以下几种收集方法：

(1) 草堆法 将变态池用塑料布围上，范围不要太大，在变态池周围放置数堆稻草、杂草，必须阴湿、湿透，造成一种潮湿环境，幼蛙上岸后就钻入此中。

(2) 收集坑法 在池周围挖若干个土坑，壁直，深 30 厘米，内放置湿草，也可达收集目的。

(3) 收集沟法 在池周围挖一条深 30～40 厘米壁直的深沟，壁要光滑或用木板，沟底放置少量杂草，灌水适量，潮湿即可。变态后幼蛙落入后收集，来不及收集可向沟内投放适宜的饵料。

(四) 中国林蛙的性别控制技术

人们饲养林蛙的主要目的是获取雌性林蛙的输卵管，即林蛙油。雌性林蛙的经济价值远远高于雄性，因此，培育雌性林蛙的种苗，对于提高林蛙养殖场的经济效益具有十分重要的意义。

林蛙的性别控制，目前主要有两种方法：一种是温度控制法，另一种是药物控制法。温度控制法主要是控制蝌蚪期的温度（细胞分化期），这种方法目前还不成熟，而且真正应用于生产时水温控制不易，只是适用于科研用，而且效果并不确定。药物控制方法目前比较成熟可靠，具有诱导性变，时间范围广，效应剂量范围大的特点：在这里主要介绍药物控制法。这项技术的关键是：

第一，掌握适宜的用药时间。用药物诱导性别对整个蝌蚪期的蝌蚪都有效果，只要是处于整个变态前期。但对 5～25 日龄的蝌蚪用药可取得最好效果。因为 5～25 日龄的蝌蚪处于性分化前期，个体小，用很少药物即可起作用。

第二，药物准备。在蝌蚪料中拌入性控药物，浓度是 100～200 毫克/千克，即为所需剂量。

第三，投喂方法。以 5～10 日龄的蝌蚪为例：此时蝌蚪约重 0.2 克，每万尾是2 000克，每天投喂 100 克上述饵料（干重），上午 8～9 时前，分 2～3 次投喂，随蝌蚪长大每3～5 天调整一次投喂量，连续投喂 20 天即可停药。改投正常料。

第四，适量加注新水。用药阶段要注意水质变化，不使水质太肥。所以要适当加注一些水或换部分水，保证大部分蝌蚪都能比较均匀地食入药物，才能有效控制林蛙性别。

采用上述方法，蝌蚪变态后幼蛙均为雌蛙，雌性率理论是 100％，在实际工作中由于药物食入的不均一性，所以一般为 80％～90％雌性率。林蛙性别诱导技术，仅仅适用于培育商品林蛙，对于种蛙的培育，千万不能采用此法。

（五）中国林蛙变态控制技术

林蛙经过一段时期的生长发育，由蝌蚪变为变态幼蛙，这一过程称之为变态。从蝌蚪孵出到变成幼蛙，所需时间因温度高低、饵料的优劣及本身生理状态、水质等条件而不同，甚至同一批蝌蚪的变态也有早晚之分。

一般情况是温度高、食物充足、营养好则变态快；反之，则慢。正常情况下林蛙变态需 40～42 天，但温度、食物变化、变态期可提前或滞后。

1. 控制变态的目的　在生产实践中控制变态有两种目的。

（1）提前变态　使晚期（后期卵）尽早发育，增加幼蛙采食时间，冬眠前才能体质健壮顺利越冬。例如，5 月中旬产卵，7

月中旬变态，9月中下旬开始入河，所以此期蝌蚪应尽量使其提早变态，增加幼蛙采食时间。

(2) 推迟变态 推迟变态的目的，是培育大蝌蚪，使其个体增大，变态后幼蛙体重大，体质强，捕食能力强，有利于变态幼蛙的成活率的提高。

2. 控制蝌蚪变态的主要措施

(1) 控制饵料品种

①提前变态 比正常增加投量，相应加大动物性饵料的比例。

②推迟变态 减少投量，加大植物性饵料的比例。

(2) 控制水温

①提前变态 增高水温，平均20～22℃。

②推迟变态 降低水温，平均13～15℃，用泉水和深井水。

(3) 控制密度

①提前变态 饲养密度变小（1 000粒以下/米^2）。

②推迟变态 饲养密度增加（3 000粒以上/米^2）。

(4) 药物控制

①提前变态 甲状腺素。

②推迟变态 抗甲状腺素类药物。

(六) 中国林蛙变态幼蛙的饲养技术

蝌蚪变成幼蛙，不仅形态和内部构造发生巨大变化，而且生活习性随之发生了根本变化。从水栖变成水、陆两栖，从植物食性转变为动物食性，因此在培育幼蛙时必须充分照顾到这些特点，才能保证幼蛙的成活率。

1. 变态幼蛙的环境设置 变态幼蛙刚刚从水栖变成陆栖，身体十分娇嫩，体力有限，对环境要求十分严格，对食物也比较苛刻，是养殖林蛙过程中最关键和最麻烦的阶段，若能饲养好变态幼蛙，就为蛙的养殖奠定了坚实的基础。

环境设置：不论何种封闭式养殖，地面要铺设5～10厘米厚的松软腐殖土，含水量要达20%，腐殖土上要放置一些带叶树枝，以枫树、柞叶、榛树叶为好，杨树枝叶也可，不能用气味比较大的枝叶，放置密度不能过大，加湿时不能喷浇，要从腐殖土下，塑料软管滴灌，树叶面要用喷雾器调节湿度，要使空气相对湿度保持要70%～80%，绝对不得长时间低于60%，温度以20～22℃最佳。每天灌水、喷水1～2次，要保持池内、箱内有阴、湿、潮的特点，地面潮湿可以，但不能有积水。

2. 变态幼蛙的放养 放养前将网箱、土池清理，确实无鼠害，选择身体健壮活泼，无病、无伤，规格整齐个体，并用4%～5%盐水浸泡一下，放养密度，变态幼蛙每平方米400～500只，放置时不要堆放，要均匀放在网箱、土池各处，任其自由隐蔽起来。

3. 幼蛙的饲养管理

（1）刚刚脱尾的幼蛙饲喂 刚刚脱尾的幼蛙只吃活食不吃死食，这时主要问题是让变态幼蛙及时食入食物，在收集沟、收集坑及蝌蚪变态池周围均匀撒布2～3龄黄粉虫，使每只幼蛙都能及时进食。此时变态幼蛙消化力强，食量亦大，生长较快，投量也要大量，一般为体重的8%～10%，投喂次数相对要多一些，每天3～4次。黄粉虫投喂前要拌入重量2%的添加剂（多种维生素、微量元素添加剂）。

（2）脱尾1周以后的饲喂 脱尾1周以后幼蛙由于基本上都吃进了一定食物，捕食能力增强，这时在网箱或土池内要设置料盘，培养幼蛙定点采食的习惯，每天投喂两次，上午8时，下午4时，投喂量以体重的4%～8%或则以投后2小时吃净为投量的原则。在饵料中加入适量的林蛙用生长素添加剂，多种维生素、微量元素，同时林蛙要定期驱虫，网箱、土池内每5天要消毒一次，防止腐败物及有害微生物的繁殖而传播疾病，并在池内设隐蔽物。

(3) 5克以上幼蛙的饲喂 随着幼蛙身体的增长，口裂增大，可以进食更大的昆虫，食量也随之增加，所以投喂比较大的黄粉虫，投喂量也增加。此时幼蛙经过一段时间养殖后，个体差异也有很大变化，有的个体相差1～3倍。避免这种现象的主要措施：投饵料应少投、多次，加大投喂频率。

总之，在幼蛙饲养过程中要经常巡箱、巡池、防逃、防病、防敌害，保持环境安静，要严防外界干扰，影响饲养效果。

四、中国林蛙封沟式养殖

中国林蛙的主要产区为东北地区的吉林、辽宁、黑龙江三省以及内蒙古自治区的东北部。大、小兴安岭及长白山为其主要产地。这里森林茂密，特别是针阔混交林、阔叶林及其次生林分布广泛，林下植被丰厚，沟谷交错，水源优质充沛，为林蛙提供了最佳繁衍栖息地。自 20 世纪 80 年代初开始，由于封沟养蛙试验在各地区先后取得了成功，在短短的 10 多年中，封沟养蛙的数量及规模迅猛增长，目前仅吉林省封沟就超过 1 万条，养蛙数量超过 1 亿只。目前，林蛙养殖仍处在上升阶段，已成为开发利用野生动物资源、振兴山区经济的重要产业。封沟养蛙也得到了当地政府的大力支持和扶持，其原因在于：一是封沟养殖能带来显著的经济效益，哈士蟆油价格昂贵，但供不应求；二是封沟养蛙增加了山区的植被，促进了林蛙种群，保护了生态平衡，从长远来看具有极大的社会效益。因此，封沟养蛙具有美好的发展前景。

（一）封沟养殖的环境要求

中国林蛙封沟养殖的成功与否以能否适应林蛙的生活习性为决定性因素。根据林蛙的生活习性，目前养殖户多采用人工繁殖、天然放养和封沟保护的养殖方法。

养殖场地是林蛙养殖的重要物质条件，原则上必须在林区或半农林区。场地选择要具有林蛙不同生活时期所需要的不同自然条件，以免引起蛙群搬迁。

林蛙养殖场一般应包括三个场，即繁殖场、放养场、越冬场。

1. 植被条件 养殖场的森林植被条件是养殖林蛙最主要的条件之一。这是因为林蛙在整个陆地生活期，必须生活在森林之中，成蛙和幼蛙在森林中摄取食物，完成生长发育过程。因此，在选择作为林蛙养殖场的森林时，要从林相、森林的空间层次结构及栖息森林之中的动物（主要是无脊椎动物）等方面进行综合考虑和选择。

东北地区的长白山和小兴安岭是林蛙的两个主要产区。森林的天然林相主要为两种，即阔叶林和针阔混交林。这两种林相是林蛙自然分布的林相，人工养殖也要选择这两种林相为养殖场。

阔叶林有的是以蒙古栎为主的次生阔叶林，有的以杨、桦、椴为主的次生阔叶杂木林。针阔混交林，其代表树科中针叶树有红松、杉松、臭冷松、落叶松等。阔叶树有桦树、杨树、山胡桃、紫椴等。从养殖林蛙的实践来看，次生阔叶林和针阔混交林都是养殖林蛙的好林型。

在选择养殖场时除了林相之外，还要考虑森林空间结构状况。在正常条件下森林的结构有四个层次，即乔木层、灌木层、草本植物层、枯枝落叶层。

*森林的第一层是乔木层。*树龄在20年以上，最低不能低于15年。另外，乔木层的树木要有一定的密度，林蛙要求树密度大，树冠相接，林下郁闭度大，光线暗淡。

综上所述，在选择养殖场时，乔木层主要看树龄和密度。有些地方的森林由于过度采伐，乔木稀疏，林下光照强烈，不宜选做放养场。

*森林的第二层是灌木层。*森林灌木层的状况，不同森林状况各异，如果乔木层密度大，则灌木层就不繁茂；反之，乔木层密度小，则灌木层就比较茂盛。选择养殖场首先要看乔木层，其次考虑灌木层，其密度大一些对养蛙有好处。灌木层好，可以进一步改善林蛙的生态条件，减少光照强度，增加林下湿度，并有利于一些小动物的生活。这就给林蛙的林下生活提供了有利的生活

条件。

森林的第三层是草本植物层。各地区和各种类型草本植物种类都有较大的差异。一般在乔木层密集的条件下，草本植物层稀疏，种类也较少；相反，乔木层和灌木层比较稀疏，则草本植物层繁茂。草本植物层对养蛙有重要作用，它是众多的低层活动小动物的栖息场所，如蜘蛛、蜗牛、蝗科昆虫、甲虫等许多动物生活在林下草本植物之上，而这些在低层接近地表活动的小动物，是林蛙食物的主要来源。草本植物层繁茂，小动物种类丰富而且数量多，对养殖林蛙，保证食物供应有重要作用。

森林的第四层是枯枝落叶层。是地表上的层次，有森林的枯枝落叶多年积累腐烂形成的绵软疏松层组成，其上面有枯枝落叶组成，下层是腐烂枝叶。枯枝落叶层的厚度，各处森林相差甚大，原始森林里的枯枝落叶层厚，次生林薄一些，其厚度有15～20 厘米。荒地生长的次生林，即使有 30 多年的树龄，其枯枝落叶层也很薄，仅有 4～6 厘米。枯枝落叶层对养蛙有重要作用。其作用表现在两个方面：第一，枯枝落叶中栖息的小动物是林蛙食物的主要来源。蜘蛛类中的一些种类属于地下穴居，如穴居狼蛛等，常栖息于枯枝落叶层中。蚯蚓在夏季主要在枯枝落叶层中活动。蜗牛也在枯枝落叶层中活动。在枯枝落叶层中还有其他众多的小动物，如蚂蚁、螨类等小昆虫。总之，枯枝落叶层中种类繁多的动物，为发育各个时期的林蛙提供食物。幼蛙，尤其是刚变态的幼蛙，只能捕捉很小的动物。这些小动物主要是从枯枝落叶层中获得的。第二，枯枝落叶层是林蛙的基本栖息场所。林蛙夏季在森林里，除了捕捉食物之外，几乎是不活动的，它大部分时间是潜伏在枯枝落叶层里面，盛夏季节，枯枝落叶层里潮湿、阴凉，林蛙在其中栖息，可避免高温酷热及干燥空气的影响。春季和秋季气温较低时，林蛙潜伏在枯枝落叶层中，又可起到避寒保温作用。此外，林蛙潜藏在枯枝落叶层里，还能有效地躲避一些天敌的危害。由于枯枝落叶层对林蛙有重要作用，所以，在选择林蛙养殖场时，必须注意考察枯枝落叶层情况。

对养殖林蛙来说，并不是所有结构良好的森林都可作为林蛙养殖场，而只有在河流周围一定距离内的森林方能作为林蛙养殖场。那些远离河流的森林不能放养林蛙，称为无效放养林。划分有效和无效放养场森林的一种方法是以河流作为中心点，河流周围1 500～2 000米以内的森林，就是养殖林蛙的有效森林。另一种是以林蛙的自然分布状况为依据，凡有林蛙自然分布，就是养殖林蛙的有效森林。确定放养场的面积时，必须除去无效面积，以有效面积为准。养殖场面积的大小，要根据种蛙的数量来确定，或根据蝌蚪的数量来确定。目前，一般的养殖技术条件，每100对的种蛙大约需要1公顷的放养场。从投放种蛙数量或蝌蚪数量来说，作为养蛙一个基本生产单位，一般要有20～50公顷的有效放养面积。

2. 水源条件 水源是林蛙养殖场的另一个基本条件，水源对于养蛙具有生命线的意义，没有水源就无法养蛙。因此，场内必须有水源或常年流水河，或者小河流，以南北走向为宜，最理想的水源是在养殖场内有一条或数条山涧溪流。水量不宜过大，也不宜太小，一般宽1～3米，水深20～50厘米的小河流比较合适。

在夏季，放养场中水的作用是控制蛙群的活动。根据多年的调查和观察，林蛙夏季在森林中的分布，是沿着河流或以河流为中心分布。林蛙围绕河流活动，而不到远离河流的森林活动，是林蛙夏季生态学的一个基本规律，其原因可能是河流散发的水蒸气，引起一定范围内微小气候的变化，使空气湿度发生了微小的变化，这种微小变化人类是感觉不出来的，但动物有特殊敏感性，在一定范围内，能准确地感知河流的方向和位置。它们只在河流水蒸气所能影响到的范围活动。从林蛙的生理来说，对水蒸气的感受，可能来自皮肤感受器，林蛙皮肤有丰富的神经末梢，分布到真皮的上层，甚至达到表层，在皮肤表层形成许多感觉小体。由于皮肤神经末梢及感受小体对周围环境水蒸气的灵敏感知作用，使它只在河流水蒸气影响范围内活动和生活。以上分析可以解释林蛙围绕河流活动的原因，实际上是河流散发的水蒸气对林蛙产生控制作用。总之，水在林蛙养殖上有着重要意义。主要作用在于控制蛙群。没有水源的存在就不能形成养殖蛙群，蛙群就会四处逃散，最后消失得无影无踪。

养殖林蛙需用的水源应充足清洁，绝对没有污染。因此，掌握林蛙的水体环境，也就是说，掌握水体溶氧动态规律，了解缺氧原因和解决缺氧办法，对于养蛙夺取高产是很重要的。直接和间接的缺氧，是导致蝌蚪死亡的一个重要原因。

在自然条件下，静水养殖池的溶氧中，光合作用增氧约占89%，空气溶氧约占7%，约4%为水补给增氧。不同水体水温不同，水中植物不同，此比例也会不同。水中沉积物越厚，生物越多，温度越高，耗氧量越大。

夏季水体的溶氧大于冬季，白天的溶氧大于黑夜，凉爽、气压高的溶氧大于天气闷热、气压低时的溶氧，表面水层的溶氧大于中层及下层的溶氧。长期处于低溶氧水体中的蝌蚪和蛙食欲不振，活动、抗病、繁殖能力都降低。

可以根据水体颜色，大概判断水质浓淡、浮游生物及水质好坏。

在自然条件下，静水养殖池的水体增氧法，可用一些化学增氧剂，如过氧化钙、高锰酸钾或硫酸铵等。1千克过氧化钙，可放出77.80毫升氧气，持续40～50天。每月施一次即可，每平方米每次放氧化钙60～120克，逐次降低用量。但不可多施。因为pH太高，碱度增大不利于蝌蚪的生长发育。

其次，水体的水质合理性标志之一是pH，pH为7较合适，这时水呈中性。

水质最适pH保持中性较安全，对蝌蚪生长发育有利。水体酸性或碱性大，破坏了蛙体液的平衡，都会导致林蛙中毒，甚至死亡。所以需要养殖者对水质进行化验。

3. 食物 中国林蛙同其他蛙类的食性一样，以捕食昆虫为主。在蝌蚪时期，以浮游生物为食，逐渐发展到以大型甲壳类、软体动物、水生昆虫等为食。在陆地上幼蛙到成蛙，主要捕食森林内的昆虫，如叶蝉、蜡蝉、蝗虫、蟋蟀、蝼蛄、金龟子、蝇蚊等，有时食物缺乏时，偶尔也食一些植物的种子。由于我国各地气候有差异，所以各地林蛙捕食的高潮期不同。如生活在东北地区的群体一般每年的5月底到9月底为捕食高峰期，此时环境温度适宜，饵料充足，中国林蛙生长发育最快。生活在西北、西南部分地区的群体，一般每年的4月到11月初为捕食生长高峰期，但在山东青岛一带，每年的3月就开始觅食，一直到当年的11月才进入冬眠。

4. 天敌

(1) 繁殖期天敌 在产卵繁殖期的天敌主要是鸟类，其中鸦科以乌鸦和喜鹊的危害最大，捕食产卵繁殖的成蛙。雁鸭科鸟类之中野鸭、家鸭及鸳鸯，都能捕食成蛙，也可吞食卵团。还有鼠类之中的大家鼠、黑线姬鼠都能捕食成蛙。

蛙卵的天敌有剑水蚤，属于桡足类的浮游动物，咬蛙卵和池内的蝌蚪，因此产卵池及孵化池的水要严加控制，以免剑水蚤的存在。

(2) 蝌蚪期的天敌 蝌蚪期的天敌主要还是野鸭和家鸭，还有鸳鸯；其次是翠鸟科的小翠鸟，也能捕食蝌蚪。此外，鲫、鲤、鲶等鱼类也是危害蝌蚪的敌害。

危害蝌蚪的水栖昆虫较多，主要有鞘翅目龙虱科的龙虱、蚜虫科的蚜虫，其幼虫危害最大。其次半翅目水黾科的水黾、潜水蝽科的水螳螂、田鳖科的负子虫、划蝽科的划蝽幼虫和成虫及松藻科的松藻虫。此外，还有蜻蜓目的幼虫、蜉蝣目的幼虫及鲎虫等。

(3) 森林生活期天敌 当蝌蚪发育成幼蛙后，家禽啄食幼蛙，青蛙对林蛙的幼蛙危害也很大，一只青蛙平均每天可吃掉幼蛙 8 只。幼蛙在向山上转移时，常常受到水禽、山雀的袭击。

在森林生活期的天敌，主要是蛇类和鼠类，还有其他兽类，如黄鼬、貂等，也能捕食蛙类。

(4) 冬眠期天敌 冬眠期天敌主要是鼠类，其中危害最大的天敌是食虫目水鼩鼱。冬季其洞口在冰层之下，潜入水下能捕食冬眠期之林蛙。还有黄鼬，也能潜入冰层下浅水，可捕食冬眠之林蛙。此外，水獭在水库旁穿穴而居，也能捕食入水后的林蛙。

根据前述养殖场的选择条件，到现场进行选择，首先考察森林树种、林型、树龄等方面是否适于作养殖场。如果森林条件合适，就要根据养殖规模划出养殖场范围。划分方法，要按照天然分水岭划分，就是以天然分水岭为养殖场的界线。

养殖场的地形地势，可以选择山沟，也可以利用平岗。一般为两边高山，中间为河谷，河谷以洪水不泛滥为好，河谷要宽阔并有较大而集中的平坦地带作为修建繁殖场之用。

其次是水源状况，主要考察冬、春两季的水源状况，要求四季流水不断，枯水季节水量充足而不干涸。最好地下有涌泉，冬季不结冰，或仅结一层薄冰。还必须探明河底土质状况，一般来说，以泥沙质河底为最好。有些地方、山涧溪流河底岩石过多，特别是由大块岩石组成的河底，不适合养殖林蛙。因为林蛙秋季潜伏于大块岩石下，捕捉较困难。在养殖场区域河流上已有大型水库不适合养殖林蛙。因为林蛙进入水库，秋季无法捕捉，还要调查河流附近，特别是上游有无工矿企业，能否对水质造成污染。如果水质遭受污染，则不能选择作养殖场。

有的工矿企业建在山前的水流冲击扇面下，地势高，地下水坡度大，使污水迅速向地下扩散，下游的地下水、地表水污染很严重。工矿企业排出的废水、废渣含有大量有毒的有机物，不仅耗去水中的氧，还对蛙卵、蝌蚪、蛙体都有较大的毒性，对于水体受污染与否，可以用指示生物来判废水体受污染程度，指示生物对污染敏感，当人们感觉到污染时，它们已表现出一定症状。

在养殖场范围内，过去或现在有丰富的林蛙资源，即可选作养殖场。养殖场的位置，应远离村庄及大道，以防居民区对水质的污染，并避免畜禽对林蛙的危害，最好选用比较安静、偏僻的大型山沟。

（二）封沟养殖的基础设施建设

林蛙封沟式养殖的基础设施主要包括繁殖场、变态场和越冬场。这些场所可以完全人工建设，也可以利用自然条件（如小河、山涧溪流、水库等）作为天然的养殖场所。下面分别加以介绍：

繁殖场是林蛙繁殖的场所，从产卵开始，直到蝌蚪变态之前，包括产卵、孵化、生长发育都是在繁殖场里完成，直到蝌蚪进入变态期才运出繁殖场，送往变态池。

繁殖场主要修建繁殖蝌蚪的各种池子。因此，选择繁殖场主要有两个基本条件，即地势和水源。地势要求比较平坦，便于灌水和排水。土质条件以渗水性小，保水性强的黏土为好，有利于池内贮水保水。砂质土壤渗水严重，不宜用作繁殖场。为了养殖管理方便起见，繁殖场宜集中而不宜分散。因此，要选择大面积地块作为繁殖场。每投放1 000对种蛙（或卵团）需有1 500米^{2}的繁殖场，这里包括饲养池水面约1 000米^2。池埂、灌水渠、排水渠等占用约 500 米^2。

繁殖场第二个条件是水源，以河流或溪流水源为好，要求水量充足，保证繁殖场的需用水量。如养殖2 000～5 000对的种蛙，河水应有 0.05～0.1 米^3/秒的流量，才能满足养殖蝌蚪的用水量。当然，用水量与繁殖场的土质条件有密切的关系。土壤保水性好，渗漏小，就省水；反之，需水量大。除水量外，还要考虑引水是否方便。养蛙的水源绝对禁止污染。山区水源一般情况污染较少，但有些山区河流附近有工矿企业，水源受到污染，不能作为养蛙用水。还有从水稻田排出的水源，往往带有农药成分，对蝌蚪生长不利，也应尽量避免使用。

繁殖场的地点应当尽量选择在放养场附近或放养场之中，使繁殖场与放养场相结合。离放养场近，运送蝌蚪方便，减少蝌蚪死亡率。目前，多数养殖场都把繁殖场修建在放养场附近或放养场中。但有些地方，在放养场附近缺少适宜修建繁殖场的地方，如没有平坦的土地，或引水不方便等。在这种情况下，可以把繁殖场修建在别处，蝌蚪养成之后再运回到放养场的变态池中，如果交通条件好，又有运输能力，繁殖场建在数公里之外，甚至更远的地方也无妨。

繁殖场要选在向阳背风，早春光照好，比较温暖的地方。山区早春 4 月林蛙产卵期温度低，选择向阳温暖之处修建繁殖场地有利于产卵孵化和早期蝌蚪生长发育。

繁殖场的类型有两种，一种是开放式的繁殖场，就是目前广大养殖户所使用的方式；另一种是封闭式的繁殖场。

开放式的繁殖场为自然条件下进行繁殖的场，这种场虽然投资少，普及性较高，但在自然条件下进行繁殖，往往受到自然灾害的干扰而影响计划生产，产量极不稳定。如水温、气温、水中溶氧量、水质等。蝌蚪的生活受气候条件的制约，另外，也难以抵御天敌的侵害，使养殖户受到很大的损失。

封闭式的繁殖场是人为控制（水温、光照、水质、水中溶氧量等）下进行繁殖的场。这种繁殖场在人为控制下蝌蚪生活条件比较稳定，因此产量也较稳定，有利于计划生产，是科学养殖的发展方向，为将来集约化养殖打下良好的基础。但是这种繁殖场投资较大，当前对小型养殖户来说很难利用。

目前有一定实力的养殖户可采用如下两种封闭式繁殖场：

一种是简易塑料大棚繁殖场，即繁殖场的全部用塑料来封闭，就好像种蔬菜的塑料大棚，使林蛙的繁殖在人工控制下有计划地进行。采用这种方法必须严格调节水温、溶氧量等。这种方法可提高受精率、孵化率和幼蛙成活率以及土地利用率，也基本上可以预防敌害。

另外一种是工厂化的封闭式繁殖场。盖一座面积较大的玻璃温室，里面有采光设备、增温设施、通风设施等，林蛙繁殖的一切条件都在人为的控制之中，这种繁殖场就是今后要进行集约化养殖的雏形。这种繁殖场可以极大地提高蛙卵的受精率、孵化率和幼蛙的成活率,可以显著提高经济效益。

封闭式繁殖场需严格的科学化饲养管理，具有一定的科学管理知识和技能、技巧以及实践经验，不可盲目进行，否则造成巨大损失。

繁殖场的基本设施主要是产卵池、孵化池、贮水池、蝌蚪培育池以及灌水用的渠道。另外，还要修建简易临时住房以及饵料加工房间等。

水池主要有四种：产卵孵化池、蝌蚪培育池、贮水池和变态池。前三种集中修建在一处，变态池要修在放养场附近。

1. 产卵池

(1) 塑料薄膜产卵池　规格为 3 米×4 米，池深 40 厘米。池埂一般上宽 30 厘米，下宽 40 厘米，高 50 厘米。按照水池规格挖好池坑，铲平池底，清除石块、沙砾等物。按照池形面积裁剪塑料薄膜（即农用聚乙烯或聚氯乙烯薄膜）。上述规格池子塑料薄膜应为 5.4 米×4.4 米，塑料薄膜结缝须用胶黏合或加热黏合，将塑料薄膜平整地铺在池坑内，然后用黏土先从池底铺垫，边铺边压实，压实之后土层应在 5 厘米以上。池埂内侧及上部的塑料薄膜同样要用土压实。水池上面设入水口，以引水入池，下面设出水口，排出池水。水口按对角线设置，以便加快池水的更新。水口也要铺垫塑料薄膜。修建这种池子可用破旧的塑料布，以便降低成本。这种薄膜不用黏合，直接铺垫池底，接缝隙用互相搭合的方法，用土压实之后，接缝比较紧密，不易渗水。这种池最好头年夏秋修好，第二年春季使用。修成之后立即放水浸泡，使土层与塑料薄膜结合紧密。浸泡几天之后停止灌水，让池底及池埂生长杂草以固定土层，防止第二年水质浑浊。这种池子的优点在于不渗漏或渗漏缓慢，灌水后可较长时间贮存，利于水温的提高，对产卵和孵化都有利。另外，池水平静泥沙含量低、清洁，减少蛙卵被泥沙污染，有利于提高蛙卵的孵化率。

使用这种池效果好，成本低，简单易修，一般养蛙户多采用这种水池进行生产。

(2) 水泥产卵孵化池 规格为 3 米×4 米，亦可根据实际需要修成其他规格，但总的原则是水池面积不宜过大，以不超过 30 米^2 为好。这种水池要铺垫砂石，厚 15 厘米左右。因此，池坑深度应在 65～70 厘米以上，在抹水泥及铺砂石之后，实际水池深应有 45～50 厘米，水层 30 厘米，余下 15～20 厘米的池埂。水池墙要用砂石砌成，因此，挖池坑时要多挖出修池墙的面积。这种水池的池底及池墙全部用水泥抹面，使之不能漏水。水泥池造价高，一般不宜修建过多。有条件时，可修约 10 米^2 水泥池，专供种蛙产卵之用，秋季可作暂时贮存商品蛙的水池。

2. 孵化池 孵化池一般应建在产卵池附近，保证水源充足、平静、向阳、背风、水流缓慢、无污染。可采用临时性塑料薄膜池，有条件可采用水泥式固定池，但为了节约经费，一般不单设孵化池。

小规模养殖，产卵林蛙数量少时，可以在产卵池内孵化，也可以在产卵池内设置孵化箱，孵化箱大小为 120 厘米×90 厘米×40 厘米，上有盖下有底，箱壁为 40 目尼龙纱制成，箱内水深 15～20 厘米，箱体可用木制或钢筋焊制成的框架支撑于水中。

大规模养殖，因养殖的林蛙数量多，即使人工催产，也不能使所有种林蛙同时产卵，要根据实际孵化与管理能力，使林蛙分期分批产卵，分期孵化，这就需要有专门的孵化池。孵化池一般建成水泥池，不适宜建成土池，因孵化时，卵粒沉入水底易被土及杂物覆盖而不能正常孵化。孵化池大小修成长约 6 米、宽约 4

米的长方形孵化池，池深 50 厘米，水深 15～20 厘米，水底铺 6～10 厘米的沙，为确保水质清新和一定的溶氧量，可种养水草，并使池水缓流。如不是缓流水，孵化前应灌注日晒曝气水，蝌蚪孵出时要放养浮游生物，设置喂料台，台面上水深 5～10 厘米，台面以 1/4 水面大小为宜。如计划在孵化池内续养蝌蚪时，其池壁要有一定坡度，以利于变态后的幼蛙浮出水面呼吸和上岸活动。为了防风、雨或寒流的侵袭，可在孵化池的上方搭建大棚或保温室，确保水温恒定。

3. 蝌蚪培育池 蝌蚪池是培育蝌蚪之用（也能兼作蛙卵孵化的池子），是繁殖场的主要组成部分，占繁殖场水池总面积的 80%～90%，培育池面积宜小不宜大，规格 3 米×4 米或 4 米×4 米。也可修一定大小的圆形池。小型池的优点在于适应蝌蚪在水池边缘活动的生活习性，充分利用水池的边缘面积。另外，小型池便于管理，在投饵灌水，捞取蝌蚪等方面都很方便。投饵时对蝌蚪的摄食情况容易观察清楚，残饵也易于清理，水量也容易调整控制（经过调整灌水渠和水池出入水口，池水很快即被调整）；特别在蝌蚪进入变态期，捞取变态蝌蚪时，小型池比大型池尤为方便，容易把蝌蚪捕捞干净。

蝌蚪池由池坑、池埂、水口、安全坑等部分组成。在修建池子时，要尽量保证池地面有较厚的黑土表土层，以利于池中藻类等低等植物生长发育供蝌蚪食用。

池坑是蝌蚪培育池的主体部分，中央深、边缘成浅的锅底形，锅底形池坑能够适应蝌蚪有时在浅水中活动，有时在深水中活动的生活习性。在修建池子时遇到砂石土层，漏水严重，要外运黏土，混入水中造成泥浆，用耙子来回翻动，将沙砾空隙堵塞，减少渗漏。

池埂是围在池坑四周的土堤，其作用在于拦水，使池内保持一定水层。管理人员在换水，投饵时都要在上面走动，因而池埂兼作人行道用。池埂一般底宽 50 厘米，顶宽 30 厘米，高 40 厘米。修建池子时，池埂要打实，防止灌水后冲塌。最好头年修好池子第二年使用。

水口是蝌蚪池的灌水通道，小型池水口宽度以 20 厘米为宜。灌水口应高于池水面，要有一定落差，防止蝌蚪逆行从灌水口逃脱。排水口深度应与水层深度一致。方形池的水口可采用鱼贯式或对角线式两种方式。在蝌蚪的早期阶段，即 15 日龄以前，为提高水温，可采用鱼贯式水口，灌水口和排水口设在水池的同一侧，水流从池边流过，使池水大部分保持静水状态，有利于提高水温，又能适应蝌蚪对静水生活的要求。蝌蚪生长后期或蝌蚪密度大时，例如，每平方米超过3 000只，应当用对角线式水口，便于较快地更新池水，提高水中溶氧量。

水口一般要用塑料薄膜铺垫，防止水流冲塌，而且水口要用纱网或纱布封好，防止蝌蚪游出。

安全坑是设在池子中央的小型圆形凹坑，深 30 厘米，坑口直径 50 厘米，安全坑里必须铺垫塑料薄膜，并用土和石块压实，防止灌水冲走。安全坑的作用主要是防止池水中断，尤其防止夜间断水蝌蚪死亡。设有安全坑，万一供水中断，由于安全坑有塑料薄膜铺垫能保持坑水，蝌蚪能自动集中到安全坑里，避免干死。安全坑的另一作用是当水温较低时，或遇到低温天气，蝌蚪多数躲进安全坑，起到保温避寒作用。

4. 变态池 变态池是供变态期蝌蚪在森林放养场中完成变态，即由蝌蚪变态为幼蛙的水池。变态池的位置必须在放养场之中，根据放养场的面积，计划放养变态蝌蚪的数量，将变态池分散修在放养场里，使变态幼蛙均匀地分布在放养场，提高其成活率，减少因密度过高而引起的死亡。变态池的面积大约是繁殖场面积的 1/10 或 1/15。变态池须在春季提前修好，并在变态之前进行检修。变态前 1 周池内放水浸泡，调整水位，为投放蝌蚪做好准备。

(1) 流水变态池 流水变态池应选择在山谷河流附近，或沿河流沿岸，地势较平坦，低洼湿润，而且引水方便之处。在变态池周围要有树木、灌木丛等，作为变态幼蛙的暂时栖息地。栖息地土壤表面环境要潮湿，光线弱，并且在枯枝落叶中有数量较多的小型动物。

变态池池形要根据地形地势，因地而异，可修方形、长方形或其他形状。池面积一般以 10 米^2 为宜，池底修成锅底形，中央深，四周浅，中央水深 30～40 厘米，边缘浅水区保持 5～10 厘米水深，这样的池形有利于蝌蚪的变态活动。蝌蚪前肢出现之前和普通未变态蝌蚪一样,可在深水区或浅水区活动。当前肢出现后,特别是尾部开始收缩之后,蝌蚪主要在浅水区活动,并有相当多时间到池边湿润地带活动。变态池的池水要保持流动状态，排出废水,不断更新变态池的出入水口，根据水质状况及水温条件采用对角线或鱼贯式。

每一处放养场要根据森林面积，分散地。修建若干个变态池，不能把几十个变态池修在一块，需要分散到放养场的各处，大体每公顷有效放养森林面积应当修 10～20 米^2 变态池。

(2) 塑料薄膜变态池　塑料薄膜变态池不像流水池那样利用河水自流灌注，而是人工从河流等水源地运水，灌入变态池。变态池呈静水状态。塑料薄膜变态池有很大优越性，可以实行有计划的放养，提高变态幼蛙的成活率，从而提高商品蛙的产量。这种变态池与流水变态池的不同之处是按照森林放养场的有效投放面积，将变态池建在整个放养场之中。放养场的各处都有变态池，因而幼蛙的分布是比较均匀的，有利于幼蛙的生长发育。而流水变态池主要建在山涧溪流附近，离溪流较近处分布得多而远离河流的放养场没有变态池，因而幼蛙在放养场中分布不均匀，对其生长发育不利。

塑料薄膜变态池的面积按照放养场的面积修建，每公顷放养场修 10～20 个变态池，每个变态池的面积以 2～3 米^2 为宜。变态池的地点要选择地势平坦，周围有较密的森林，林下有较好的草本植物层及枯枝落叶层。应有较方便的通往变态池行走条件，便于往变态池送水、送蝌蚪。

塑料薄膜变态池的修建方法，基本与流水变态池相同，区别在于规格较小。坑深 30 厘米，池埂有 40°～50°的倾斜度，以便幼蛙从水池里登陆上岸。清除池底，并用细土铺平，以防止刺破塑料薄膜，池坑及池埂全部铺盖塑料薄膜，并用土块和土压实。铺完立即运水灌池。灌水深度 25 厘米左右。在顺坡一侧可以留一缺口，长 20 厘米，宽 10 厘米，安装纱网，在降雨水满时多余的水从此缺口自动流出，避免冲毁变态池。

5. 越冬场　越冬场是林蛙冬眠的场所，它们基本越冬方式是水下群集冬眠。东北冬季严寒，河流水量剧减，小河及山涧溪流常出现断流现象。在这种情况下，如果没有越冬设施和正确的技术管理，就会发生幼蛙和成蛙冻死的现象，给生产者造成重大损失。因此，必须重视越冬问题要因地制宜，修建必要的越冬设施，加强技术管理，达到安全过冬的目的。林蛙安全过冬是人工养殖林蛙的一项重要工作。

越冬场可分为天然越冬场和人工越冬场，也可分为种蛙越冬场、幼蛙越冬场和商品蛙越冬场。

(1) 天然越冬场　林蛙的天然越冬场主要是河流、山涧溪流，也包括较大的江河和部分山区小水库。

①山涧溪流越冬　适合林蛙冬眠的溪流条件：一是常年不断水的溪流。二是距夏季放养场不能太远，必须是林蛙在冬眠前能够到达的河流。一般情况下，陆路距离应在1 000～1 500米，这样的距离，林蛙可以经过陆上运动逐渐到达冬眠场所。三是应当具有一定的水量。人工养殖林蛙，密度大，要有较大的水量才能安全越冬。水量小，林蛙容易在越冬过程中死亡。水量过小还易受天敌危害。最低水量在严冬枯水期流量不应低于 0.02～0.03 米^3/秒，最好有0.05～0.1 米^3/秒的流量。水流量在 0.12 米^3/秒以下，林蛙只能在深水湾越冬。四是河床既要适合林蛙越冬，又

要适合捕捞。适合林蛙越冬的河床是由石块和沙砾组成，林蛙潜伏在石块下或沙砾之中越冬安全可靠。从捕捞生产观点看，这种河床捕捞也较方便。有些山涧溪流的河床完全由石块组成，这种溪流不适合采用，林蛙进入石头缝隙之中无法捕捉，对生产不利。泥沙河床也适合林蛙越冬，林蛙可潜入泥沙中休眠，从养殖生产观点看，泥沙河床便于人工捕捞。五是河床的坡度不要过大，如果河床坡度大，流速快，林蛙难以在溪流中越冬。溪流不经人工修整改造，无法用作越冬场。比较好的越冬场，应有比较多的稳水区和深水湾。稳水区的水深应在 1 米左右，深水湾的水深应在 1.5 米以上。稳水区和深水湾是严冬季节林蛙的集中越冬场所。稳水区和深水湾除了河床流水供给外，多数有地下涌泉供水，因而水量充足，不易冻干。林蛙在其中越冬安全可靠，能有效地避免冻害的发生。

天然河道往往不能完全适合养蛙越冬的需要，应根据养蛙的需要，适当进行人工修整疏通，使之更适合林蛙的越冬。对于原来河道上的水湾，要根据情况进行修整。修整的目的之一是使之更适合林蛙的冬眠，二是利用林蛙向深水湾大量集中的特性，进行生产捕捞。有的深水湾深度不足 1 米的，可以加深，使深度超过 1 米，最好达到 1～1.5 米。有的深水湾可能面积小，可适当扩大面积。

对于林蛙集中放养区，秋季集中入河河段的稳水区，要特别加以修整利用，改成深水湾效果最好。人工改造深水湾可用人力挖掘，深度在 1 米左右，面积 10～15 米^2，就可容纳数千只林蛙越冬。

修整深水湾应在洪水期过后，一般在 9 月初进行，9 月 15 日前后完工。修整一次只供一个冬季越冬，第二年重新修整。修整深水湾不仅对林蛙的安全越冬有重要作用，对捕捞也十分重要。在位于重点放养场附近河道上的深水湾，可将一半以上或 70%～80%的林蛙吸引到深水湾里来越冬。由于林蛙高度密集，无疑对捕捞生产带来极大方便。

深水湾修整之后，还要根据情况投放供蛙越冬的隐蔽物。砂石组成的河底，如果石块数量少，林蛙隐蔽物不够，可以人工投放一部分石块加以补充。泥沙组成的河底，经过人工挖掘，疏松层被挖掉，破坏了原来的隐蔽条件，需人工投放隐蔽物。投放隐蔽物以蒿草类为主，包括农作物秸秆、野生蒿草、小灌木枝条等，扎成草把状，用石块压在水底，或者用木桩固定在水下，作为林蛙越冬隐蔽物。山林间溪流有些短而宽，在严冬季节易于冻干断流，水流阻断，形成大面淹冰，断流之下河道中冬眠的林蛙即被冻死。必须在秋季将一些浅滩加以修整，方法是加深河道，使水流集中在狭而深的河道中通过，冬季不易冻干断流。对于多分支的河流，要进行改造，将那些不适合林蛙越冬的小溪流堵断，使水量集中到主河道中，增大越冬溪流水量，保证林蛙安全越冬。

利用山涧溪流越冬，需加强管理，主要是检查河流的水量，防止冻干断流。凡是出现堵水的河段，必须及时采取措施恢复流通。

②山区水库越冬　山区水库包括各种不同大小的水库，大的有几十公顷，小的只有几公顷的水面。各种不同大小的山区水库，原则上都可以作为林蛙的越冬场。

利用山区水库越冬的方法，可以利用全库，亦可利用局部。如果水库位于放养场的中心，可以将整个水库作为林蛙的越冬场。如果不位于中心，放养场的一部分与水库相接，可以利用水库的局部，比较小的水库，也可以全部利用。

在以水库越冬的养蛙场，水库位于放养场的中心，林蛙能自动从放养场进入水库，有的经入库河流过渡到水库，有的直接从陆上进入水库。林蛙在秋季经过小溪和陆上进入水库越冬。林蛙在比较大型的水库越冬，一般情况下，是比较安全的，山区水库水质好，溶氧状况也好，不易出现死亡现象。

水库越冬蛙的春季出库方法，只能靠林蛙自然出库。为了实行有计划放养，需要对自然出库的幼蛙和成蛙进行人工捕捉。捕捉方法是修塑料围墙进行围捕。大水库的库岸长，可在出蛙最集中的库岸修局部围墙进行围捕。另外，在水库附近修产卵池，池里灌水，保持静水环境，吸引出库的一部分种蛙自动前去产卵繁殖。

种蛙水库越冬还可采用蛙笼或网箱的方法。选择水库水质清洁的深水区，将装蛙的蛙笼网箱沉入水下，但不要沉到库底，最好放到水层以下 2 米处，蛙笼或网箱的系绳拴在木桩或浮标之上。在越冬过程中要经常检查，调整下沉深度，检查有无死亡现象。在一些较深的水库，不可将蛙笼放到几米之下的库底。由于深水区底部溶氧含量低，蛙容易缺氧窒息死亡。

有些山区水库较大，养蛙放养场的局部与水库相接，这种水库仍然可以作为越冬场。利用水库的局部作越冬场，首先利用水库的水体作为吸引林蛙下山入河的水源，蛙从放养场自动奔向水库。不能让蛙自己分散进入水库，必须在岸上设围墙，将蛙拦住加以捕捉，种蛙和幼蛙经过暂时贮存之后，装入蛙笼或网箱，在10 月末或 11 月初放入水库越冬，春季出河前取出。有些养蛙场缺少安全越冬水域时，可将种蛙及幼蛙装入蛙笼运往别处越冬水库越冬。

③江河越冬　利用较大的江河及其附近的森林养蛙，冬季以江河作为越冬场。江河越冬的优点，水量充足，没有缺水或冻死之威胁。但江河水量大，管理上有一定困难。

在江河的一边有森林放养场，另一边为农田的情况下可以选择靠近森林放养场的一侧水流平稳江段，而且水深应在 1 米以上，作为越冬场。幼蛙和一部分不打算捕捉的成蛙可散放入江河水中自由越冬。

春季幼蛙和成蛙出河后，仍然回到森林里来，而不能到对岸的农田里去。但为了实行有计划放养，对幼蛙采取蛙笼越冬法，集中过冬，春季便于有计划进行集中放养，秋季集中捕捉。

为了在春季产卵期能准确地捕捉到种蛙，最好将种蛙装在蛙笼或网箱里放入江河深水处越冬；蛙笼越冬既便于冬季管理，又能保证春季繁殖期有足够的种蛙。蛙笼越冬出水时间要比自然越冬出水时间提前，而不能拖后。延迟出水时间，容易窒息死亡。

江河两岸都有森林，都适合作放养场时，以与放养场相对应的整个河段作为越冬场。幼蛙和少部分成蛙可以自由入河分散在江河之中越冬。如前所述，幼蛙最好采取蛙笼集中越冬法，春季集中进行计划放养。种蛙必须采用蛙笼越冬。

(2) 人工越冬场 人工越冬包括水库越冬、地窖越冬和水井越冬。

①水库越冬 林蛙的水库越冬场实际是人工修建的小型水库。这里称养蛙专用水库，以便与山区农用水库区别开来。这种水库适合建在小溪及小河沿岸的一侧，面积一般为 100～200 米^2，水容量在 200～500 米^3。水库位置要在林蛙集中的分布区内，依靠林蛙对深水区的特殊感受性，自动集中进入水库越冬。从水路来说，离水库上游 300 米左右河流中的林蛙，能逐渐通过河流进入水库。在水库上方 500～1 000米内的林蛙，可以经陆地直接进入水库越冬。在水库下方的一定距离内的一部分林蛙也可经陆地进入水库越冬。

根据林蛙的这种规律性，沿河流每隔 500～800 米就可修一座水库。水库的位置，要修在河畔沿岸的一侧，便于引水入库，距离主河道要有 10 米长左右的距离，并且要在洪水冲击范围之外。注意不要修在主河道上，也不要修在洪水泛滥区内，因为夏季山洪暴发，春季雪水融化，形成较大洪流，携带大量泥沙，很容易将建在河道上及洪水泛滥区的水库冲毁。

修建水库，一般采用人工挖掘，从地面向下深掘 2 米，将泥沙石块运出库外，修成人工水库。水库的形状可以是任何形状。库底一般修成平底形，亦可中央部分加深，深度达到 2.5～3 米，库壁要修成斜坡形，防止水浸塌方。水库上游设入水口，入水口要高出库底2米以上。下游设出水口，出水口距库底亦须在2米以上，使蓄水深度达2米。出水口要用铁网封好，防止蛙游出。在入水口前挖一条通向河流的引水渠，以引河水入库，使河水在水库通过，库水不断更新，保持流动状态，水库出水口下挖排水渠，末端排入河流。在引水渠上游与河流相接处，设闸门，控制入水量，尤其在春季更需通过闸门控制水量。

水库是一种永久性养蛙生产过程，在有条件的情况下，可用推土机作业，修建略大一些的水库，库壁亦可用石块砌筑。坚固耐用，减少维修费用。

水库在使用时，在引水渠上将主河道截流，基本将全部水量引入水库，从秋季林蛙入河时开始，到春季4月份林蛙出河为止，始终保持流水状态。林蛙出库之后，将引水渠封闭，使水库断水，防止淤塞。

水库还需经常进行管理和维修。在管理方面，要防止山洪冲毁和淤塞，在夏季汛期前，必须将引水渠闸门关闭，在入水口处用土封闭，防止山洪冲入水库。维修方面主要是清除淤泥，一般淤塞不严重时，每两年在夏季清理一次。

下面分别叙述种蛙和幼蛙的水库越冬方法。

种蛙水库越冬：种蛙水库越冬法是目前最好的保存种蛙方式，存活率高，死亡率低，简便易行，安全可靠。水库保存种蛙，分为两个阶段进行，第一个阶段为浅水贮存阶段，第二个阶段为水库越冬阶段。

贮蛙池暂存阶段：贮蛙池类似产卵池，池深60厘米，长5米，宽3米。池壁及池底可用砖石水泥修筑。水口按对角线设计，池内保持40厘米水深，池水保持流动状态，不断更新，应在40～60分钟内，基本更换全部池水。灌水口和排水口都要设拦网，防止种蛙顺水或逆水逃走。

贮蛙池的面积要根据种蛙数量而定，上述规格的池子可存放种蛙万只左右，一般养蛙场修4个贮蛙池就够用了。

贮蛙池贮蛙的方法，捕捞之后经过选择的种蛙要立即放入贮蛙池。在池中放置木块等漂浮物，供蛙在水温升高时登陆栖息。种蛙在贮蛙池内存放时间，从9月中旬捕蛙开始，一直到10月末转入水库为止，大约45天。

林蛙在种蛙贮存池存贮，是种蛙越冬的一个过渡阶段。林蛙经过暂贮之后，才能入水越冬。这种冬眠方法，主要是根据林蛙的冬眠生态特性决定的。林蛙从9月中旬入河冬眠，到10月末这一阶段，处于不稳定的散居冬眠期。水温超过10℃，林蛙在水中处于活动状态，气温10～13℃，林蛙从水里重新登陆上岸活动。在9月中旬水温平均在10℃以上，因此，如果将林蛙直接入库，由于水温不稳定，林蛙不能在水中安定冬眠而逃往别处。

水库越冬阶段：种蛙放入水库时间，须在10月末或11月初，水温要稳定在10℃以下，而且要降至5℃左右，此时林蛙不仅不能上岸，而且水下活动也大为减少，活动范围缩小，在几十厘米或几厘米以内，尤其在深水区。因此，水温在5℃左右，种蛙入库，可以在水中安定休眠。

种蛙在水库内越冬的方式有两种，一种是散放越冬法，另一种是笼装越冬法。

散放越冬法是将种蛙散放在水库里，让蛙在库内自由寻找越冬场所。在种蛙入库之前，投入库内一些林蛙越冬的隐蔽物，也可不放隐蔽物，让蛙在库内聚集过冬，这种方法对蛙无不良影响。

种蛙入库时，要选择比较暖和的天气，在中午温度较高时，将种蛙捞出，装在麻袋里，送往水库倒入水内。如果天气寒冷结冰，一定要带水运送，方能安全入库。

水库冬眠可实行密集越冬法，在水库实行密集放养，符合林蛙天然越冬习性。水库放养密度每平方米可放300只左右，甚至可以更密集一些。

散放越冬法使林蛙在库内自由活动，寻找最佳适宜的越冬环境，其成活率高，死亡率低。

笼装越冬法是将种蛙放在用铁丝编织的笼子里，连笼带蛙一块放入水库越冬。70 厘米×60 厘米×30 厘米规格的铁笼，可装 500 只种蛙越冬。雌、雄可以混装，亦可分装。笼子在水中的放置方法是在装完种蛙之后，将笼盖封严，不留缝隙，防止蛙从笼中逃出；笼子要规整地平放在库中。如果水质干净，泥沙含量低，可将蛙笼移到入水口处，此处水体更新速度快，溶氧丰富，有利于种蛙安全越冬。

幼蛙水库越冬：幼蛙在水库越冬和种蛙基本相似，幼蛙放入水库的方法主要靠幼蛙沿河道自动入库，上游大约 300 米的幼蛙，基本都能逐渐集中到水库越冬。因此，为了引导幼蛙进入水库越冬，要在秋季，9 月末将河水引入水库。幼蛙进入水库后，不再随水游动，但不是所有幼蛙都能在水中停留，因此，需在出水口下瓮子堵截，将拦捕之幼蛙再送入水库，拦截工作一直进行到 10 月末幼蛙进入稳定冬眠才停止。在捕捞成蛙的同时，能够捕到大量幼蛙。这些幼蛙要像种蛙那样暂时贮存，到 10 月末至 11 月初，放入水库越冬。幼蛙在水库越冬，一般情况可以和种蛙使用同一个水库，互相之间无任何不良影响。

在幼蛙数量特别多、密度很大的情况下，可修一些小型的幼蛙越冬专用水库。幼蛙水库以小型为主，面积以 30～50 米^2 为适宜，甚至还可再小一些，20 米^2 左右也可以。修筑方法，选择河岸附近，距河流 5～10 米距离，土质条件好，有泥质土层，保水性好，不易渗水，河流水源充足，冬季不断水，并且从河里引水入库比较方便的地点，挖掘库坑，深 2 米，长宽根据条件而定。一般可修长 5 米，宽 5 米的方形水库，亦可修筑长 8 米，宽 5 米的长方形水库，库壁要向外呈 45°倾斜，库壁倾斜对冬眠之后幼蛙登陆方便。有一定斜度，还保护水库，避免放水后库壁倒塌，填塞水库，减少蓄水量。水库引水方法与种蛙水库相同。幼蛙水库要在整个越冬河段上，修筑4座幼蛙越冬水库，每座相距200～300米，在此范围内幼蛙能够自动集中到水库中越冬。水库里同样要放置隐蔽物，如草把石块等。

幼蛙从10月中旬开始逐渐向水库集中，到11月末大部分集中进入水库，潜伏在隐蔽物中冬眠。幼蛙集中到水库越冬，其优点在于水库的水深，不易冻干，是安全的。另外，能减少天敌的危害。

②地窖越冬　林蛙的基本越冬方式为水下群集冬眠。林蛙在天然河流或在水库越冬时常发生冻死、闷死或乱捕乱捉的现象，给生产者造成很大损失。另外，人工水库越冬场的建设一般都需要投入大量的人力、物力和财力，并且每年要对越冬水库进行清理和维修。最重要的是对于种蛙的选择无法进行，采用林蛙地窖越冬方法可以避免上述的不利因素，可以有计划地在春季对种蛙进行选择和繁殖。

下边简要介绍林蛙地窖越冬的方法。

在离繁殖场不远的地方，选择一处地下水不渗漏，土质疏松的地方，挖一长3米、宽2米的地窖，窖顶覆盖土厚0.5米，留一个通气口和窖门，窖门大小为0.5米×0.5米，气孔高出窖顶土层0.5米，其直径为0.08米。窖底平铺一层厚0.25米的泥沙土，泥沙各占一半。这样的地窖可以使600只种蛙过冬。采用林蛙地窖越冬法一定要严格进行管理，窖温保持在－1～7℃，湿度保持在60%～70%。且每周要检查1～2次。

③水井越冬法　根据养蛙发展的趋势，将来林蛙的越冬采用高密度的方法。水井越冬法是其中方法之一，采用石块、砖、水泥砌成一个井，井面积视条件而定。这种结构可建在屋中，但一定要保证水温低、水中溶氧量高、水的pH等因素，还要预防天敌。采用水井越冬法，一定要实行科学管理，水温必须达到林蛙自然越冬的要求，不能过高。引入井中的水可以是江河水、山涧

溪流，也可以是家中井水等，但一定要保证长年流水，这样水中溶氧量才能充足，否则由于林蛙密度高，溶氧不足，导致窒息而死。因此，有条件的养殖户可酌情采用，在生产实践中加以发展完善。无条件者不可盲目利用；否则，易造成巨大损失。

（3）贮水池 贮水池的作用就是提高水温。东北地区早春气温低，水温也很低，在蝌蚪胚胎发育过程中，水温偏低，延缓发育时间，影响蝌蚪生长发育。在换水时，注入贮水池的水，可以防止水温的降低，对胚胎发育十分有利。

（三）封沟养殖的林蛙繁殖技术

掌握林蛙的繁殖和繁殖技术，可提高繁殖率。林蛙的繁殖受生活条件的影响，所以，通过生殖生理与生态学的研究来指导人工繁殖工作是很有必要的。

1. 种蛙 人工养殖林蛙，可以用种蛙繁殖，也可到野外采集卵团进行繁殖。在养蛙第一年和第二年要采集野生林蛙作种蛙，第三年可用自己产的蛙作为种蛙。

（1）种蛙的选择 提高林蛙繁殖率的关键之一是选择种蛙，种蛙选择的好坏将直接影响林蛙的生产。因此,养殖户应努力选好种蛙,选择那些最适合本地区的种蛙开展生产,逐渐淘汰那些不良个体,改变以捡卵团进行林蛙繁殖的落后方式。

通过多年的观察了解到，有些地区的林蛙虽然体型较大，但产油量极少，这种类型蛙最适合培育成肉用型蛙。而有些蛙产油量多，但体型不大，这种类型蛙适合培育成油用型蛙。有些蛙介于两者之间，应培育成油肉兼用型蛙。这是未来林蛙集约化生产中亟待解决的问题。解决了林蛙的选种问题，就能使林蛙生产有计划地进行，这样不仅能提供大量的林蛙油，还可以生产出人们更喜食的蛙肉产品。目前尚无优良种蛙的选择标准，所以如下几点可供选择种蛙之参考。

①选择种蛙时，首先注意不要误选金钱蛙、青蛙等，它们产

油少，品质低劣。

②还要注意雌雄鉴别及雌、雄比例问题，鉴别方法前边已述，雌、雄比例一般为1∶1。

③选种时，不应年年选同一地的，或同一地区的，否则会造成近亲繁殖，下一代体弱多病，发育不良。

④注意蛙龄。三年至四年为林蛙的壮龄，生命力旺盛，怀卵量高，繁殖力强，适宜作种蛙。二年生林蛙在种群组成上占数多，在养殖生产上一般选择二年生蛙作为种蛙。但有时春季二年生蛙由于各种原因生长发育不成熟，或怀卵量较少。在这种情况下，要选择生长发育好的作为种蛙。三四年生的蛙，怀卵量高，很适宜作种蛙用。但因数量较少，仍然采用大批二年生蛙作为种蛙。

⑤从体型大小上看，要选择个体及体重大，无损伤，跳跃灵活的作种蛙。二年生雌雄个体体长必须达到6厘米以上，体重不应低于26克，三年生的体重不能低于40克，四年生雌蛙体重不得低于50克。

⑥从体色上看，要选用标准体色，即黑褐色，体背有人字形黑斑的蛙作种蛙，土黄色或花色蛙抱对产卵期死亡率高，一般不宜选作种蛙。

(2) 种蛙的采集　种蛙的采集可在春季和秋季进行。

①春季采集　春季在林蛙出河期间及产卵之前都可采集种蛙，但这个时期较短，只有10～15天时间（4月初至4月中旬），采集种蛙进入繁殖场，很快产卵，失去种蛙的作用。因此，春季采集必须准确掌握捕捉时间。总之，春季捕蛙的突出困难就是时间紧迫，有时难以采集足够数量的种蛙。

春季采集种蛙的方法，一般选择手捕和瓮子捕。这两种方法捕捉的林蛙，蛙体受伤少，产卵过程中不易死亡，产卵后死亡也较少。无论采用何种方法捕捉种蛙，应尽量减少损伤；否则，受伤种蛙在产卵过程中很容易死亡。

种蛙的盛装工具，可以是布袋、麻袋、编织袋等，但以形状固定的鱼篓、筐类工具最为适合。这类工具不易挤压，可有效地保护蛙体不受伤害。另外，这类工具通气性好，不易窒息死亡。此外，可以用桶装蛙，但切忌装水，要潮湿状态装蛙，否则溶氧耗尽，蛙窒息死亡。

②秋季采集　秋季采集种蛙最为方便。林蛙从 9 月中旬开始入河，直到 10 月中旬，甚至 10 月末才结束入河期，时间长达 1 个月至 1 个半月。在整个入河期间，气候比较温暖，便于捕捞作业。秋季采集种蛙，由于捕捉时间长，种蛙的数量多，有充分的选择余地，能选出足够数量的比较适宜的种蛙。秋季还可到远处采集种蛙，进行长途运输。

现在各地捕蛙的方式多种多样，有传统的手捉网捕方法，有用有害的药物毒杀的方法捕捉。特别是目前各地方都非常流行的电击法等捕捉林蛙。选择种蛙以采用鱼坞子方法最为适宜，也可采用手捉网捕的方法。用电击、毒药等方法捕捉的蛙不宜留种。

种蛙需要逐个选择，一定要按种蛙标准进行选择。种蛙的盛装工具和春季采集时一样。

(3) 种蛙的运输

①运输前贮存　种蛙采集之后、启运之前，要暂时贮存等待包装后启运。种蛙的暂存方法有两种，一种是水池贮存，另一种是地窖贮存。水池贮存是比较好的方法，种蛙放在水池里，保存效果好，死亡率低。从 9 月中旬一直可保存到 11 月初，长达 1.5～2 个月之久。有条件的地方，要尽可能采用此法。地窖贮存是选择地势较高处，挖 2 米深，宽 1.5～2 米，长 2 米的土坑，上加棚盖，加土压实，留一个 15 厘米×15 厘米的通风口和人出入的口。在窖底，用木板或砖块分成 50 厘米×70 厘米的格，每个格子里先铺一层大约厚 15 厘米的细软泥沙，然后铺一层树叶，在树叶上喷水，使之湿润。将林蛙均匀地放到窖底的格子里，让其潜入树叶下休息。上述规格的地窖可存放2 000～2 500只种蛙。

地窖暂时存蛙，要经常翻动蛙堆，以防底层蛙被压死。每天翻几次，把蛙分开。要注意适当喷水保持湿润，还要通风降温。

②包装及启运　运输大量种蛙必须有适宜的包装工具，一般用枝条编制的条筐、木箱（规格 60 厘米×70 厘米×30 厘米），或细铁丝（可用 2～4 号）编织的铁笼（规格可为 70 厘米×60 厘米×30 厘米，网眼直径为 0.5 厘米），笼上方留一个方形盖（25 厘米×25 厘米），笼内四壁可挂些软的细纱布，以免蛙四肢伸出笼外折断挫伤。筐笼底部铺一层塑料薄膜，再放一层加水浸泡湿润的苔藓植物或潮湿的稻草，经常保持湿润。如果是用地窖贮存的林蛙，装箱之前，蛙体用清水冲洗干净以后再装箱。装蛙数量应视筐笼的大小而定，一般每木箱或每铁笼可装蛙 500 只左右。运输途中保持湿润防止干燥死亡。秋季运输包装时，雌雄蛙混装或分装均可，春季运输，则必须分装，避免途中抱对排卵。秋季，在 10 月中旬运输，不需防寒，但在中旬之后，东北有些山区出现霜冻结冰，夜间须加防寒设施。用草袋、毡布等覆盖，防止冻伤。在东北地区，在 9 月至 10 月末，用各种车辆运输，而 11 月开始东北地区已进入冰封冻期，运输种蛙，必须在保温条件下运输，例如，在保温车厢内或火车车厢内运输。从东北到关内运输种蛙，运往华北，可在 11 月下旬启运，运往长江以南，必须在 2 月份。如运去过早，林蛙难以适应南方的温度条件。

(4) 蛙卵的采集与运输　在建立养殖场的第一年和第二年需要大量繁殖林蛙，必须到处收集蛙卵。春季产卵期，采集卵团发展养蛙是目前养蛙者普遍采用的方法。

①采卵法　采卵时首先要注意区别林蛙和青蛙的卵团。林蛙的产卵期是在每年的 4 月上旬以后，卵团的颜色为黑色，卵粒较小，卵团的形状呈球形或椭圆形；而青蛙的产卵期是在每年的 4 月下旬以后，卵团的颜色为草绿色，卵团的形状呈团块状。

采卵的方法有直接采卵法和人工招引法两种。

直接采卵法：即到田间、水坑、沼泽直接采集。捞取卵团宜早不宜晚，越早越好。在产卵期，每天5～10时捞取卵团最好，此时蛙卵刚产出不久，卵团小，重量轻，弹性大，容易运输，二年生雌蛙卵团排出2小时后重量增加2倍，4小时之后重量增加5倍，因此采集卵团越早越好，最好在排卵后4小时之内采集。还有卵团排出时间越长，卵粒胶膜相互黏结越松散，在采集运送过程中容易分散，放入孵化池后沉入水底，孵化率较低。捞取卵团时，用捞网较为方便，盛卵工具以水桶为好，桶内放一些水防止卵团相互粘连。

人工招引法：此法是目前南方地区普遍采用的方法。方法有如下两种。第一种为圈养雄蛙招引法。在灌水耙平的稻田里，选取一块挖有水沟的土堆用塑料薄膜围好，把别处捉到的雄蛙放养于圈中。由于雄蛙求偶鸣叫不绝，附近的雌蛙会前来抱对，天亮后，可采到蛙卵，转移至孵化池。第二种方法是人工灌水招引法。在近水源的稻田或旱地，选取一块地耙平后挖坑灌水，因其他块干涸，也会招引蛙产。

②蛙卵的运输　运卵团的方法与运成蛙有所不同。短距离运输可用干净的盆、水桶盛装，桶内可以不装水，只装卵团，但是必须尽快送到孵化池。时间过长，卵团相互粘连严重，并影响胚胎发育，降低孵化率。远距离运输，盛装卵的工具要大一些，加水装运蛙卵，加水量应当是卵团体积的1/3。在运输途中，既要考虑保持适宜水温，使蛙卵不致热死，又要考虑水的溶氧量，使蛙卵不致憋死。加水运输能减少卵团粘连，保持卵团完整，有利于卵的发育。

2. 产卵　林蛙在人工产卵场里产卵，必须实行在人工控制下的强制性产卵。这是因为人工产卵与天然产卵有较大区别。主要区别在于人工产卵是流水条件，而天然产卵则是静水环境，还有其他一些因素的影响。因此，原则上不能自动在人工产卵池里产卵，必须采取技术措施，把种蛙控制在人工产卵池里产卵，如果不采取控制措施，林蛙便会离开人工产卵池而往别处寻找适合其产卵条件的地方进行产卵。产卵过程包括抱对、产卵两个阶段。

(1) 配对 人工养殖林蛙，要掌握适宜配对的气候条件。抱对的最低温度，水温在2℃以上，气温应在5℃以上。适宜的抱对温度条件，水温为7～9℃，气温为7～10℃。温度过低，林蛙活动力较弱，不配对或配对时间延长。如果水温在2℃以下，雌、雄蛙则在长时间内不进行抱对。

在配对期间，如果出现不良气候条件，如降温、降雪、结冰等，要暂停配对，等待温度回升之后，再进行配对。抱对时间，一般在16～17时，经过4～6小时，多数先后完成抱对，到零点之后陆续开始排卵。林蛙配对期间的管理要注意提高水温，保持水质清洁，不让泥沙含量大的浑浊水流入池内，以免污染卵团。

林蛙抱对和产卵一样，必须在浅水处进行。人工养殖，需创造浅水条件。

人工养殖林蛙可以用以下几种方法进行配对。

①直接配对法（自由配对法） 这种方法是将雌、雄蛙按比例放在一起，让其自由配对。雌、雄比例原则上可按1∶1的比例配对。但雄蛙之中有些个体配对能力差，不能与雌蛙配对，使少数雌蛙不能及时配对，延长产卵时间。因此要适当增加雄蛙数量，雄蛙比雌蛙增加20%，则配对速度快，配对率高。根据试验，雌、雄1∶1配对，4小时后配对率为40%，雄蛙增加20%，配对率为56%。适当增加雄蛙，可提高配对速度。但雄蛙过多也不行，如雄蛙多出1倍，会出现雄蛙争夺雌蛙的现象。一只雌蛙被两只或更多的雄蛙拥抱，会出现雌蛙窒息死亡现象。

②年龄组配对法 种蛙由于年龄不同，体长和体重差别较大，混合配对效果差。年龄差别大，体长和体重相差悬殊的雌、雄个体混合配对，会出现配对速度过慢，有些个体长时间不配对，即使勉强配对，排卵过程会拖长，雌蛙长时间不排卵，更为主要的是年龄小的雄蛙与年龄大的雌蛙配对，蛙卵受精不充分，

受精率低，从而降低孵化率。

年龄组配对方法，是将同年龄雌、雄种蛙组合配对，即二年生雌蛙与二年生雄蛙配对，三年生雌蛙与三年生雄蛙配对，这种配对方法的优点是配对速度快，受精率高。

③预先配对法　无论采用哪种配对法，都有少数种蛙长时间不配对，拖长了整个产卵期。采用预先配对法，能使产卵期比较完整一致。其方法是用一个产卵箱作为配对箱，按一定比例将雌、雄种蛙放入配对箱，配对箱放到浅水池中，箱内保持10厘米左右的水层，每隔一定时间（0.5～1小时），将已配成对的种蛙取出放入产卵箱让其产卵。采用预先配对法的优点，在于产卵速度快，而且整齐，一般在24小时内可基本全部产完卵。

④雄蛙重复配对法　雄性林蛙具有重复配对多次排精的特征。在自然条件下，完成一次配对排精之后，仍然不离开产卵场，继续在产卵场水池中鸣叫，寻找雌蛙再次配对。人工养殖林蛙可根据林蛙重复配对的习性，在雄蛙不足的条件下，使用已配对过的雄蛙再次配对。用作重复配对的雄蛙，以选择体大健壮的二年生和三年生的雄蛙为宜。每只健壮的雄蛙可配对2次或3次。每配对1次之后，要停配1～2天，让雄蛙恢复体力。雄蛙重复配对，蛙卵受精正常，受精率与一次配对的受精率基本相同。

(2) 产卵　在正常气候条件下，平均15天左右即可完成全部产卵过程。特殊年份气候变化，尤其在降雪冰冻天气较多的情况下产卵期可延长20～30天。林蛙的全部产卵过程大体划分为开始、高峰、结束三个时期。

人工养殖林蛙，要根据其产卵规律合理安排产卵时间。一般来说，林蛙天然产卵的高峰期，正是人工养殖的最佳产卵期。这时期，气候条件适宜，产卵速度快，胚胎发育正常，所产的卵4月初5月末孵化，蝌蚪在6月下旬变态为幼蛙，当年幼蛙在正常条件下可长到3厘米左右，19个月后可长成达到商品蛙的规格。

在林蛙天然产卵的开始期和结束期都不宜安排产卵。因为在开始期温度低，经常出现结冰、降雪等冻害，胚胎容易死亡，孵化率较低。在结束期，虽然外界温度较高，蛙卵发育也好，但从时间上看太晚，这个时期的蝌蚪要在6月末至7月初变态，当年幼蛙只能长到2厘米左右，19个月后不能达到商品蛙的规格。

下面介绍几种人工养殖条件下的产卵方法。

①笼式产卵法　笼式产卵法是一种简便有效的方法。这种方法是将种蛙控制在笼子（箱、筐）里，强制其在笼里产卵的方法。此法能有效地控制林蛙按照生产计划进行产卵。产卵笼或箱规格为60厘米×70厘米×50厘米，产卵箱的框架是木质结构，箱底安装16目铁纱网。用窗纱时，要加横梁衬托，防止装蛙负重后压沉箱底。产卵箱周围以塑料薄膜、细木或枝条加钉固定压紧。箱的上口敞开；不加盖。这种产卵箱的优点：一是箱内保持静水条件，水由网底沙网进入，水面不流动，适应林蛙静水产卵的特性。二是水温较高，白天日照，塑料薄膜起加温作用，白天箱内水温比池水温度高1℃左右，有助于加快林蛙产卵速度。三是由于产卵箱侧壁用塑料薄膜制成，蛙爬不出来，能有效地被控制在产卵箱内。

产卵时将产卵箱放在产卵池里，箱内保持10厘米水层。如果池水太深，可把箱底用砖石垫起，使箱内保持浅水层。除这种水平放置产卵箱的方法外，还可以采用倾斜式放置产卵箱，使产卵箱一侧水深，一侧水浅。深水侧15～20厘米，浅水一侧10厘米。产卵箱的深水一边，可供林蛙配对时活动，浅水一边可供林蛙排卵或休息。

产卵箱在产卵池放置时，可根据地形排成纵列或横列，箱与箱之间保持20厘米。

产卵箱里种蛙投放密度，要体现稀的原则，一般每箱放30～50对种蛙较为合适。注意产卵箱种蛙密度不能过大，否则种蛙活动相互冲撞，不仅冲击正在产卵和排精的蛙，而且将排出的卵团冲散，使卵团散碎损失。

产卵之后开始捞卵，捞卵工具是小型捞网。捞取卵团要按时进行，每小时捞卵一次。刚排出的卵团暂不捞取，要捞取直径5厘米以上的卵团。捞卵时不要惊动正在排卵的蛙。有时卵团与产卵箱底粘连，要用手将卵团剥离下来，再用网捞出。

必须坚持产卵过程中按时捞卵，切不可夜间停止捞卵，等到白天一块捞出。卵排出时间太久，卵团吸水膨胀，相互连在一块，无法捞取，在撕开分割过程中必然使一部分卵粒破裂，造成一些损失。如果不按时捞卵，卵团吸水膨大，占据产卵箱的面积，还影响其他蛙产卵。捞出的卵团要用水桶盛装，桶内不用装水，装满卵团之后必须立即送往孵化池；否则，时间稍长，卵团就会粘连，形成大块，难以分辨卵团的数目。捞卵装桶时，要准确计数，以便按卵团数量计算孵化池的蝌蚪密度。已经排完卵的雌蛙，要及时从产卵箱取出，送往休眠场，在取出雌蛙的同时，雄蛙也要捞出一部分，其数量可按雌蛙数的1/2捞出。捞出的雄蛙，如果不配对，也要送往休眠场。

②圈式产卵法　这种产卵法是将种蛙散放在产卵池里自由配对产卵的方法。为保证蛙在水池内产卵，必须在水池四周设立塑料薄膜围墙，防止种蛙外逃。

塑料薄膜产卵孵化池，围墙修建方法，在池埂外侧按1米距离设立木桩，木桩距地面高度1.3米，地下长度25厘米。木桩直立或向内倾斜。木桩上横向连接细木杆，用钉或铁丝将木杆固定在木桩之上。塑料薄膜放在木桩里面，拉直展平，用钉和木条将薄膜固定在木桩之上，薄膜上边固定在横杆上，下边用土压在池埂上。注意薄膜必须平整，不能有大的皱褶，防止种蛙经皱褶攀登逃出池外。

产卵时将种蛙按雌、雄1∶1的比例直接散放到水池中，密度是每平方米50对，12米^{2}水池可同时投放600对种蛙。圈式产卵法与笼式产卵法相比，场地较宽阔，接近林蛙天然产卵场的条件。因此，配对和产卵的速度都比较快。其缺点是卵团容易被泥沙污染，影响蛙卵孵化率。捞卵方法，与前述笼式产卵法相同，要按时捞卵。有时卵团被泥沙污染，严重时可用清水冲洗后再送往孵化池。

圈式产卵法，由于池面积较大不便捞取种蛙，随时捞取已产卵的雌蛙比较困难，可采取在池埂上放置枯枝落叶的办法，供产卵雌蛙暂时登陆休眠。另外，在产卵三四天后，对产卵池进行清理，将已产卵的雌蛙和大部分雄蛙移出送走，否则强制其在水中，会出现严重的死亡现象。

3. 孵化

(1) 孵化前准备工作　蛙卵的孵化是指从卵受精开始，经过一系列胚胎发育，变成能独立生存的小蝌蚪的过程。蛙卵孵化之前要做好准备工作。在蛙产卵之前必须把产卵及孵化的准备工作同时做好。在孵化之前要修整，补修产卵孵化池埂，清除池底淤泥等。修整之后，要在孵化前（至少3天前）放水灌池，并根据池型及土质条件，封闭进水口和出水口，贮水增温，为放卵孵化做好准备。孵化前另一项工作，是做好孵化工具的准备。孵化工具主要是孵化筐和孵化箱。要对已有的孵化箱和筐进行检修，修补破损部分，并根据需要补编一部分。

有些养蛙户，将孵化与蝌蚪饲养合在一起，在这种情况下，更需要在孵化前做好准备。将修整好的饲养池提前灌水，调整水口，把全部水口改为鱼贯式，使大部分池面保持静水状态，以利于提高水温。

(2) 孵化条件　蛙卵孵化与温度和水质有密切关系。温度（包括水温和气温）是影响蛙卵孵化最直接的外界条件，其主要作用表现在影响蛙卵的发育速度。温度高，发育和孵化速度加快；反之，则慢。

林蛙是早春低温条件下产卵的蛙类，胚胎的发育早期是比较耐低温的。林蛙卵在孵化过程中，各阶段对温度的要求不同。从卵裂开始，一直到囊胚期，对低温条件有很强的适应性和抵抗力。可在水温 2℃左右正常发育，但发育速度缓慢。这个发育时期的适宜水温应为 5～7℃，在此温度范围内，胚胎发育速度加快。原肠胚阶段要求比卵裂时期高，应在 12℃左右。神经胚之后一直到孵化结束，适应的水温应在 10～14℃。林蛙胚胎发育的原肠胚及神经胚时期是对外界温度比较敏感阶段，尤其是对低温更为敏感，在低温条件下常使胚胎死亡。人工养殖林蛙应当防止低温冷害，使蛙卵在适宜的温度条件下孵化。

水质状况对蛙卵发育也有着重要影响，水质主要指水中泥沙含量的多少而言。自然条件下林蛙常在静水区产卵孵化，水中泥沙含量很低，适合卵的孵化。而人工养殖孵化池依靠引灌注，孵化池的水是流动而不平静的，因而不可避免地带有一定量泥沙进入孵化池。泥沙对于孵化率的影响，主要在于污染卵团，形成沉水卵，降低孵化率。因此，蛙卵孵化池的水质必须干净，泥沙含量低，尽量保持静水条件，以减少泥沙对卵团的污染。

林蛙在自然条件下，胚胎是在中性条件下发育的，pH 为 6～7，但不能在碱性条件下发育。水体碱性或酸性大，破坏了蝌蚪体液的平衡，会导致蝌蚪中毒死亡。

(3) 孵化方法

①孵化筐孵化法　孵化筐是用枝条编织而成，常用材料为榆树、柳树、胡枝子等树木一二年生的枝条。这些植物的枝条柔软，易于编织。孵化筐的形状为圆形，规格直径为 80 厘米，高 30 厘米。

使用孵化筐孵化，将孵化筐密集放到塑料薄膜孵化池里，进行集中孵化。每一个孵化筐放 10～12 个卵团，每个孵化池（12 米^2），可放 10～12 个孵化筐，可孵化卵团100～144 个。孵化池水深保持 25～30 厘米。采用此法，要在孵化到一定阶段进行人工疏散。疏散时间应在胚胎发育的尾芽期至心跳、鳃血循环期之间，用细孔捞网将卵团捞出，装入水桶，按放养密度放到蝌蚪培养池中。卵团疏散到培养池之后仍要装在孵化筐里，让蛙卵在培养池里继续完成最后的孵化过程。

②散放孵化法　将蛙卵散放到孵化池、蝌蚪培养池等处，进行自然孵化。

塑料薄膜覆盖孵化法：塑料薄膜覆盖孵化法是将孵化池用塑料薄膜覆盖，里用木条支架，外铺塑料薄膜，类似于稻田塑料育苗一样，池宽为 10 米左右，长度根据需要而定。此法比无塑料覆盖池子可提高水温 5℃左右。对一些高寒山区，孵化期间常出现冰冻，可起到良好的保护作用，对提高孵化率及孵化速度大有好处。

塑料薄膜覆盖孵化池温度变化大，应经常调节和掌握水量，使水保持一定温度，这是卵正常发育的关键。因此，在晴天温度高时，要及时通风，或灌水降温，使水温不宜超过 20℃，尤其在卵发育初期，温度不能高于 15℃。

卵团在塑料薄膜覆盖池孵化，可采用两种方法。一种是使卵一直孵化出蝌蚪。另一种是孵化一定时间（大约在尾芽期）移出塑料薄膜覆盖池，在露天水池进行自然孵化，但在转卵之前要使水温逐渐降低,使胚胎适应露天低温池水条件。

饲养池散放孵化法：将蛙卵直接放到饲养池里孵化，将孵化与蝌蚪饲养结合在一起的方法。这种方法是农民养蛙经常采用的方法。具体做法是从产卵池取出蛙卵，按每平方米水面 1 团的投放密度，将卵团放入水池。这个密度在孵化之后，基本不用疏散蝌蚪，饲养管理做得好的话，每平方米可生产 500 千克蝌蚪。如果饲养池子少，密度可大一些，多投放一些卵团，每平方米放 3～5 团，待孵化之后再进行蝌蚪疏散。卵团散放在池中常常被水冲击或被风吹得漂动或聚集一团，影响孵化，要采取措施，使卵团稳定在一定区域，用树木枝条摆成方格形，把卵团分隔在方格中，能避免卵团在池内漂移聚堆。亦可在水池里拉草绳，形成许多方格，将卵团稳定在方格中。

水池孵化虽然被大多数养殖户采用，但其缺点也很多。最主要问题是容易形成大量沉水卵，胚胎死亡严重，孵化率低。无论采用哪一种孵化法，放卵时都要注意每个孵化池应放同期的卵，不可将相隔 2～3 天产的卵，放在同一池内，保持胚胎发育和蝌蚪生长一致，基本上同时进入变态期，便于人工疏散变态的蝌蚪。如果蝌蚪生长不一致，大蝌蚪就会吃掉小蝌蚪。其次卵置好后，不要随意翻动，尤其是胚胎发育的孵化期阶段，此时蝌蚪吸附在卵胶膜上，口尚未开，这时不要搅动它们，因为它的内部器官尚未充分发育。

(4) 蛙卵孵化管理 蛙卵孵化过程的管理，关系到蛙卵的孵化率。首先应注意加强对孵化池灌水的管理，原则上应当尽量减少孵化池水更换速度，让水在池中贮存较长时间，使水温升高，促进蛙的孵化进程。一般的方法，孵化池灌足水之后再进行补充水。另一个注意问题是灌入孵化池的水必须清洁，泥沙含量少，严防灌入泥沙含量大的混浊水。水质混浊会形成沉水卵。解决的办法是在孵化池前修一个沉淀池，经过沉淀之后的水泥沙含量少，再灌入孵化池会减少污染蛙卵。

在孵化过程的管理上，另一个注意问题是预防低温冷冻。孵化初期，某些高寒山区气候多变，常出现降雨冰冻。漂浮水面的卵团，其表面胚胎易受冰冻而死亡，损失很大。防寒措施是根据天气预报，在出现霜冻之前，用草袋等物覆盖蛙卵以减轻冻害损失。另外，采取加大灌水量，提高孵化池水位，将卵团沉入水中，防止受冻。更有效的方法是专人夜间看管，每隔 20～30 分钟用捞网等物将卵团压入水中并搅破冰层。用这种方法能有效地防止冰冻，防止卵团遭受冻害。

在孵化过程中，为保证蛙卵孵化有充足的氧气，在有条件的情况下，可在池面上装置喷水龙头，这样可多注入氧气供孵化之需，喷水不可过急。此外，在干旱缺雨、气温高的天气里，空气干燥，漂浮水面的卵团表面的胶膜水分蒸发，胶膜变硬变脆，胚胎会因干燥而死亡。为避免胚胎干燥死亡，可用木板、捞网等工具将漂浮的卵团轻轻压入水中使卵团表面浸水湿润。

在孵化过程中，经常检查孵化质量。首先要经常检查水温情况，以保证蛙卵的正常孵化。其次要检查蛙卵有无污染。如果卵膜晶莹透明，说明蛙卵没有污染；如果卵团变成土黄色，卵胶膜粘一层泥沙，说明水质不清洁，蛙卵已被污染，要改进灌水技术，排除污染的水，灌入新鲜干净的水。第三，要检查有无沉水卵，尤其利用水池孵化更要特别检查沉水卵，如发现蛙卵沉入池底，并粘连泥沙，呈土黄色，这证明出现沉水卵。发现沉水卵，要按后面介绍的方法进行处理。第四，检查卵团是否在放入孵化池 3 天之后已漂浮水面。如果卵团已漂浮水面，卵胶膜之间出现大量气泡，卵团由球状变成片状，这证明卵团没有被泥沙污染，孵化状况良好。第五，要经常检查蛙卵孵化情况，检查蛙卵孵化速度是否整齐一致。在正常情况下，同一团蛙卵发育速度基本一致，相差不多。另外，检查胚胎死亡情况，如发现有较多的蛙卵停止发育，如同一团卵有的已经发育到尾芽期，有的则停留在神经胚阶段，说明停止发育的卵已经死亡。蛙卵发育过程中死亡，多是由于低温冷害所致，发现蛙卵死亡现象，要及时采取增温措施，保证蛙卵的正常孵化。

(5) 沉水卵团及其预防法 林蛙在人工养殖场产卵，在孵化过程中有时出现大量“沉水卵”。所谓沉水卵是指卵团沉入水底，并粘连在池底砂石泥土之上，卵团表层沾满淤泥。沉水卵团多数不漂浮，少数在孵化后期能漂起来。沉水卵团的表层胚胎能够孵化，但里面的胚胎几乎死亡。因此，沉水卵团的孵化率很低，一般只有 35%～40%。

沉水卵是人工养殖林蛙繁殖期的突出问题，对蛙卵孵化有着重要的影响。必须采取措施防止出现沉水卵。试验证明，沉水卵形成的根本原因，是池水泥沙含量高，泥沙黏附卵团使其下沉，粘连池底。人工产卵池及孵化池多是采用流水灌注，尤其是饲养池孵化法，水中泥沙含量较大，容易污染卵团，形成沉水卵。

林蛙卵属于漂浮性卵，卵团漂浮水面才能正常发育。蛙卵在胚胎发育到囊胚期阶段之后，卵胶膜之间出现气泡。卵团的形态也在胚胎发育过程中变化。到原肠胚期，卵团由球形变成半圆形，并且由于卵胶膜之间气泡逐渐增多而使卵团漂浮水面，胚胎发育到尾芽期，卵团变成圆形或椭圆形片状。林蛙卵团变成片状浮于水面，其生物学意义，一方面是表层水温高，卵粒受热均匀，有利于胚胎发育；另一方面更主要的是随着胚胎发育，胚胎耗氧量增加。根据 LG·巴斯等的资料，蛙卵原肠胚晚期胚胎的耗氧量约比原肠胚早期的耗氧量增加 3 倍。卵团变成片状，浮于水面，胚胎可以获得充足的氧气供应，有利于蛙卵的正常孵化。沉水卵粘连池底，形状始终保持为球状，半圆形体，不能漂浮水面。因而只有卵团表面与水接触，得到氧的供应，表层胚胎才能正常发育。而卵团内部胚胎不能与水接触，溶氧供应不足，而胚胎耗氧量又在增加，因而当胚胎发育到原肠胚、神经胚耗氧量较高的阶段，就会由于供氧不足而死亡。这就是沉水卵孵化率低的原因。

解决沉水卵团的根本办法，在于改进产卵及孵化技术。前面介绍的产卵和孵化等方法能有效地避免沉水卵团的产生，在养蛙生产上应广为采用。

对已形成的沉水卵团的补救措施，用网捞起受泥沙污染的沉水卵团，用干净流水冲洗粘连在卵团上的泥沙，再放在清洁的池水里。另外，采用人工翻动卵团的办法，也能提高卵团的孵化率。

用木棒插入卵团下面，将卵团翻起来，移动位置，每天翻一两次，一部分沉水卵团能漂浮水面，孵化率可以有所提高。

（四）封沟养殖的日常管理工作及注意事项

1. 蝌蚪的饲养管理 林蛙的饲养管理是林蛙养殖过程中的

主要工作，是人工能实行有效的技术管理的主要环节。尤其是蝌蚪的饲养状况，关系到蝌蚪的生长发育，关系到商品蛙的产量和质量。当前东北各地养殖林蛙存在的主要问题之一是蝌蚪饲养技术不过关，主要表现在严重食物不足，供水不足，蝌蚪放养密度过大等。由于蝌蚪饲养管理不好，直接影响到见效时间和经济效益。因此，养好蝌蚪的关键是饲料充足而营养全面，密度适宜，合理灌水，防除敌害。抓好这四个关键环节，即可以把蝌蚪养好，奠定丰产基础。

（1）**饲料**　林蛙在野生状态下，其食物成分可分为植物性和动物性两类。植物性又可分为鲜活植物与枯朽植物。鲜活植物主要是低等植物藻类和部分水生高等植物幼苗。藻类是蝌蚪的基本食物成分，主要有硅藻和绿藻。硅藻之中常见种类为圆盘硅藻、丝状硅藻、纺锤硅藻、新月硅藻。绿藻中有水绵、网地藻，还有蓝藻和甲藻的某些种类。蝌蚪还可啃食某些水生高等植物的幼芽与幼苗，如泽泻、眼子菜、茨藻、浮萍以及稗草等。较大的蝌蚪可将种芽及幼苗全部吃掉。但较大的幼苗，蝌蚪不能全部吃掉，主要啃食植物体的表皮部分。蝌蚪虽然能够啃食某些水生高等植物，但从蝌蚪食物成分来看鲜活高等植物不是蝌蚪主要食物成分，仅仅是一种补充成分。

枯朽植物是指水中各种枯枝落叶包括禾本植物和草本植物的腐朽干枯叶片、树皮等。某些植物枯叶，如泽泻叶、椴树叶等，经水浸变软之后，蝌蚪可将叶肉及表皮吃掉，剩下网状叶脉。草本植物的枯茎，如稿秆等经水浸泡之后，表皮及韧皮部变软，蝌蚪可将表皮及韧皮部全部啃食。禾本植物的枯枝，必须经过多年的腐朽，变成松软状态，蝌蚪才能取食。

蝌蚪消化器官的构造和生理特征，是与植物性食性相适应的。蝌蚪具有发达的消化管，其长度为体长的 7～8 倍。有利于对植物性食物进行消化和吸收。消化管中能分泌纤维酶和半纤维酶，消化分解植物细胞壁和纤维。

蝌蚪的动物性食物，主要是死亡动物尸体，有时偶然发现蝌蚪吞食少量浮游动物。动物尸体，包括死亡的水生昆虫和其他无脊椎动物，死亡的鱼类和蛙类，均可被蝌蚪取食。

虽然从蝌蚪生态习性上看，喜食动物性食物，但其本身缺乏捕食活体动物的能力，因而在自然条件下，蝌蚪获得动物性食物的机会是很少的。

采集和配制蝌蚪的人工饲料，要依据蝌蚪的天然食性，符合其生理特点和自然条件。蝌蚪的基本食物是植物成分，而动物性成分很少。但是通过多年的观察和研究了解到，在蝌蚪生长发育的后半期，在饲料中加入动物性饲料，可提高其营养价值，并对蝌蚪的生长发育非常有利。不仅可以加速蝌蚪的生长发育，而且对进入变态期的蝌蚪有明显的增重效果。这对于变态幼蛙进入森林生活，提高幼蛙的成活率具有相当重要的意义。因此，在人工养殖条件下，对于配制蝌蚪饲料一定要根据林蛙蝌蚪生长发育过程中，对于各营养物质的需要，科学地配制出全价营养的蝌蚪饲料。

人工养殖条件下，林蛙蝌蚪的饲料种类很多，为了合理利用和科学地饲养，需把饲料分成很多类，但在生产实践中主要是运用以饲料来源为主的分类方法。

(2) 饲养管理

①合理放养密度　根据蝌蚪的日龄，确定合理的放养密度。一般情况是蝌蚪日龄小，放养密度可大一些，蝌蚪日龄大，放养密度要小一些。蛙卵孵化时每平方米水面放入 3～5 团蛙卵，孵化成蝌蚪后要疏散，15 日龄前每平方米水面放养3 000只，超过此密度会出现水质污染，溶氧不足及争夺食物现象，中午时有大批蝌蚪的头顶出水面。15～25 日龄每平方米放养2 000只，25 日龄到变态初期每平方米放养1 500只左右。要经过几次疏散，疏散蝌蚪时要防止碰伤，快速放入新水池。目前生产中普遍存在着密度过大问题，有的每平方米水面放入十几团蛙卵，放养5 000

多只蝌蚪，死亡现象较严重，一般蝌蚪体形小，变态幼蛙瘦弱，当年成活率低，大部分二年不能育成商品蛙，生产周期推迟1年。所以，要想培育健壮的大蝌蚪，必须合理放养。

②科学喂食　蝌蚪除自然取食外，要人工喂一定数量的饵料，采集一些植物饵料，如洋铁叶酸模、车前子、蒲公英等；精饲料主要有玉米面、米糠、豆饼粉和一些动物性饲料。一般采用混合饵料；玉米面占50%、豆饼粉20%（可用豆浆代替）、糠麸7%、鲜植物茎叶20%、骨粉3%。把这些饲料加水煮，制成玉米糊，冷却后喂食蝌蚪，有的还加入一些鱼粉，但要注意鱼粉的质量和含盐量，防止中毒。根据蝌蚪生长天数和摄食量不同，确定每次投饵量，一般以每次投料能被蝌蚪吃完，稍有剩余为好，防止投入太多，污染水质。投饵方法有堆状投放和分散投放，糊状饵料都采用堆状投法，沿池边成堆状投放，植物茎叶和动物性饵料采用分散投放。前期每天投饵一次，都在早晨投放，中后期每天投两次，第一次早6时投放，第二次下午3时投放。

③灌水技术　水是蝌蚪生存的基本条件，蝌蚪必须在有水的条件下才能摄取食物吸收水中的溶氧。人工繁殖蝌蚪的数量大，蝌蚪本身代谢产物以及剩余饵料使池水很快污染，必须通过灌水技术才能解决。灌水方式一般采取串灌法。蝌蚪在15日龄前，白天灌浅水，保持水深10厘米左右，经过日晒使水温增高，夜间灌深水保温，水深20～30厘米。蝌蚪15日龄以后，体长体重增大，食量大，耗氧量增加，灌水方式要采用大流量的流水灌注法，水口呈对角线设置，主要解决快速排污，注入新鲜水，保证蝌蚪正常呼吸和对溶氧的需求。在灌水过程中要注意水质状况，灌入水要干净透明，有条件最好用井水，池水混浊要立刻排除，换注新鲜水。还要利用灌水方式预防低温冷害和高温伤害，5月上中旬有时出现低温，水层要达30厘米以上；6月份要防止高温伤害，提高排水口，加深水层，达到降温的目的，严防水温超过28℃，选成蝌蚪死亡。蝌蚪期灌水既要防止断水，又要预防

洪水冲毁饲养池，蝌蚪大量流失。

④防治天敌和病害　蝌蚪期的天敌很多，主要有昆虫类、鸟类、蛙类和鼠蛇等。昆虫类的龙虱、大水龟幼虫、水蝎子等都能捕捉蝌蚪，发生轻微时用人工捕捉，发生严重时要更换新池。对鸟类危害只有人为驱赶，严加看管，减少危害。青蛙出蜇后经常栖息在蝌蚪饲养池边沿，大量捕食蝌蚪和变态幼蛙，严重危害要及时捕捉送到远处的农田中。褐家鼠时常进入饲养池，既捕食蝌蚪又偷食精料，要防鼠害。

蝌蚪因病死亡的数量很大，必须引起注意。以预防为主，防重于治。蝌蚪饲养池在使用前要彻底消毒，利用原有的饲养池要提前 20 天用生石灰水清池消毒。

⑤蝌蚪变态期的管理　蝌蚪进入变态期的主要特征是体侧前肢处出现突起，后腿发育完全，腹部收缩变瘦，体形变小，停止进食。养殖规模较小的蛙场，林蛙繁殖“三池”地处一起，在放养区没有修建变态池的情况下，要及时用塑料膜将蛙池围起来，防止变态幼蛙外逃。围栏与蛙池外侧留出 1～2 米的幼蛙活动场所。6 月 10 日前后大批蝌蚪进入变态期，蝌蚪生长大小不同，进入变态时间也是参差不齐，未进入变态的蝌蚪仍然需要喂食，饲养池四周投放一些遮蔽物，为幼蛙上岸栖息创造条件，有绝大部分幼蛙上岸活动，不再回到水中生活，把围栏打开，让幼蛙自由上山进入放养场，开始陆栖生活。

养殖规模较大的蛙场，一般建有几个变态池，有流水变态池，每平方米水面为变态蝌蚪 1.5～2 千克，3 000～4 000只；塑料薄膜变态池每平方米不超过3 000只。每天灌一次水，2～3 天换一次新水，要防御天敌危害，保护变态蝌蚪正常发育。刚变态的幼蛙在 1 周内基本上不离开变态池，仍在四周活动，但已完全脱离水池，进入陆地生活，栖息在水池周围的草丛或遮蔽物下面，要适时喷水保湿。幼蛙的尾部完全吸收之后开始摄食，主要捕食幼小昆虫，在自然状态下，因开口食不足而大量死亡，所以要在变态池周围幼蛙集中的地方，供给幼蛙充足的饵料，每天喂食一次，平均每只幼蛙喂食2～3龄黄粉虫1～2只。变态幼蛙的天敌很多，主要是食肉昆虫和鼠类，要在水池四周进行几次药剂杀鼠，同时要把青蛙和蟾蜍清除到其他地方。这样集中管护喂养1周左右，幼蛙进入放养场进入林中生活。

2. 幼蛙、成蛙的生活管理 林蛙的繁殖及蝌蚪的变态一般是在春季，变态后发育成的幼体经当年和第二年的生长发育，一般可以达到体成熟和性成熟，即第二年越冬前可剥油，经过第二年越冬到第三年春季时可进行繁殖。幼体林蛙的饲养管理，实际是指从当年变态后到第二年春季这段时间的饲养管理，而第二年春季以后，则属于成体林蛙的饲养管理。

在封沟养殖林蛙技术中，幼蛙、成蛙一般在森林中生活，因此林中生活管理最为重要。幼蛙自变态池登陆之后，便一边采食一边选择较缓的山坡向山上移动。在我国东北的大部分地区，自4月末或5月初开始至9月中下旬，约5个月的时间是幼蛙在林中生活、发育长大的时期。成蛙抱对、产卵后即进行生殖休眠。至气温回升至10℃以上时，成群出蛰并向山林转移，开始林中生活。

幼蛙的生活管理：

(1) 放养前的准备工作 无论是封沟养殖、平地圈养，还是冬季大棚或温室养殖，放养前都要对其活动场所进行清理整治，完备设施，备好饵料。

①场地的整理与消毒 自然条件下，变态后的林蛙经过几天的水陆两栖生活后，为躲避日晒和干燥空气的危害，一般在夜晚或阴雨天，离开其水生活环境到潮湿阴凉、植被繁茂、食物丰富的林地营陆栖生活。封沟养殖时，可在林地设置喷灌设施、洒水增湿、检修场地围墙、清除和消灭场地内的敌害。平地圈养或大棚养殖时，对其水池或水沟进行整修清理和消毒，药物毒性消失后即可放水，水温20～30℃，水深20～50厘米。除此之外，对

其陆地活动场所也要进行清理，创造一个清新、卫生、植被繁茂的阴凉、潮湿和安静的人工养殖环境。如果没有高大密集的植被，可搭建遮阳篷，设喷灌设施和排灌设备，做到旱时能供水，涝时能排水。

②饵料　山地封沟养殖时，林蛙所摄食的饵料主要是环境中滋生的昆虫等小的活动物，为增加其饵料来源，在大面积封沟养殖时，可多处设置诱虫灯诱虫和堆肥育虫。平地建场圈养时，其活饵料来源有诱虫灯诱虫、堆肥育虫、活饵料培育场培育，这些饵料来源受季节性限制，数量有限。因此，在林蛙幼体时，可进行食性驯化，以解决饲料的来源。为此，还应准备好制备配合料的各种设备及饲料原料。

(2) 放养　变态后的林蛙，经过一段时间的水陆两栖生活，便可将其放养于幼体养殖区。封沟养殖时，放养的密度一般较小。平地圈养，刚变态的幼体林蛙，每平方米水面放养 150～200 只；待其登陆 30 天左右时，根据场地大小、生长情况、饵料多少等，降低其放养密度，每平方米水面可放养 100～150 只；两个月时，可降低到 30～100 只。

放养时要注意幼体林蛙的规格，要按日龄、大小和强弱分群饲养，防止以强欺弱，摄食不均，影响个体发育。捕捉放养时，要轻捕轻放，避免直接将其倾入水中，以免造成伤亡。

(3) 饲养　幼体林蛙主要摄食活饵料，但活饵料的生产季节性较强，而且大批饲养哈士蟆时，活饵料的生产很难满足需要，所以饲养幼体林蛙时，要训练其采食死饵料——配合料，配合料的生产受季节性限制较小，而且营养全面，贮存方便，可满足林蛙的生长需要。

①食性驯化应注意的问题　第一，幼体林蛙食性驯化的开始时间要依实际情况而定，如果直接在蝌蚪池饲养幼林蛙，待其完全变态，有 3～5 天的陆栖生活时间后，即可开始食性驯化。如果将幼林蛙由蝌蚪池转到幼体饲养池，则要有一段适应新环境的

时间，5～7天，在此期间，要投喂充足的活饵料，增加摄食量，提高抵抗力，然后进行食性驯化。第二，食性驯化时，适当增加养殖密度，增强竞食性。第三，驯食时，也要注意分级分群，防止大小、强弱不均造成竞食、不食或饥饿，甚至相互残伤。第四，驯食要循序渐进，少量多次，配合料比例由少到多，不可操之过急，造成不食、饥饿或伤亡。第五，以缓流池水最佳，保证水质清新。如果不是缓流水，要经常换水，并及时清除剩余料，防止其腐败影响水质。第六，喂料要定质、定量、定时、定位。一般每日投喂2次，分别于早7～8时和晚6～7时，间隔10个小时左右。每日投料量为体重的8%左右，前期配合料少，活饵料多，每日投料量可占体重的8%～10%；后期以配合料为主，每日投料量可占体重的7%～8%。

②食性驯化的方法　林蛙的摄食习惯就是捕食活饵料，而对死饵料不敏感，所以，食性驯化时，除营养要全面充足外，最重要的是饲料形状和饲料的动感。也就是说，将全价配合料做成与活饵形状相似的颗粒状，靠水流、机械力等带动死饵料运动，使林蛙误食而逐渐习惯。

(4) 管理　加强幼体林蛙的饲养管理，可保证其当年良好的生长发育，安全越冬，为第二年的整体生长和生殖器官的发育打下良好的基础。管理过程中应注意以下几个方面问题。

①驯食后的林蛙以摄食配合料为主，要保证配合料营养全面充足，不腐败变质。每天投喂2次，投料量为体重的8%左右。在活饵充足季节，可多喂活饵，减少配合料投量。投料量的多少，可随时调整，以食饱食好为原则。

②随时调整饲养密度，有必要高密度饲养时，应增加饲料投喂量，防止因竞食而可能引起的相互残伤。

③幼体林蛙以陆栖为主，除有一定的水面外，要保证其有一定面积的陆地活动场所。陆地活动场所为水面大小的3倍以上，炎热夏季，要注意保持陆地场所的湿度，可种植农作物、蔬菜，

遮阳，也可搭建遮阳篷，并安装喷灌设备，定期向陆地场所喷水，防止干旱造成林蛙群集于水中，相互残伤。

④及时进行分级分群，防止弱肉强食，影响发育的整齐度。

⑤驯食要循序渐进，即死饵料的投量要由少到多，不可操之过急。食性驯化应在早期进行，因早期的幼体林蛙在水中的时间长，容易进行驯化，经过一段时间后，林蛙以陆栖生活为主，驯食过晚会造成驯食的困难。食性驯化期间，要及时清理剩余饵料，防止腐败影响水质，池水最好是缓流水，非缓流水要定期换水，夏季每天换一次，每次换去1/3，换入的最好是日晒曝气水，水温差不大于 2℃。要注意水体与环境的消毒，消毒剂要严格按说明使用，防止造成林蛙中毒伤亡。

⑥经常检查设施的完好性，防止敌害侵入、水源污染等。堆肥育虫时，要防止腐败释放毒物。注意观察林蛙群体生长情况，发现病症要及时诊治。另外，做好养殖记录，以备总结养殖的经验和教训，也有利于发现问题时进行查阅。

⑦越冬　不同地区气温下降程度不同，林蛙冬眠时间也有所不同。一般气温下降至 8℃以下时，林蛙便开始进入冬眠。所以，在冬眠前要做好林蛙的强化饲养，保证良好体质，准备好越冬场所，以备其安全越冬。

冬眠前，要增加动物性饲料和能量饲料的比例，保证蛋白质和能量的供给，使林蛙有充足的体能储备，满足冬眠的需要。

自然条件下，如遇干旱缺水、气温骤降等，林蛙无越冬水域或来不及到越冬水域时，可不在水下冬眠。只要有符合越冬条件的水域（水深 1 米以上且不结冰），林蛙都要在水下越冬。作为人工养殖，要为林蛙的越冬创造良好的条件，越冬池水最好是缓流的温泉水，以增加水体溶氧量，防止水体结冰；还可用工厂余热通过管道使水增温，保持水温不超过 8℃。如不能满足以上条件时，可增加水池深度（2 米以上）和池水面积，在水底放置稻草保温，有条件的可在池上方搭建温室或塑料大棚，以起到更好的保温作用。

成蛙的生活管理：

幼体林蛙经当年的生长发育和越冬，第二年早春出蛰后，即作为成体林蛙进行饲养管理。加强此期林蛙的饲养管理具有重要意义。从出蛰到越冬这一段时间，是林蛙向体成熟和性成熟发育的阶段，经过此阶段的饲养，林蛙要长成一定的个体，生殖器官发育趋于完善，入冬前卵巢开始孕育卵子，第三年早春即可繁殖，为满足生产需要，可在第二年或第三年入冬前进行剥油。

(1) 放养前的准备工作

①场地的清理与整治　成体林蛙以陆栖活动为主，因此要创造一个良好的陆栖环境。不管是平地圈养还是沟塘养殖，防逃墙的完整性很重要，一是防止敌害的侵入，二是防止林蛙逃跑。因此，首先检查防逃墙的完整性，对场地内的杂物要清理干净，以便管理。场地内要求树木密集，或种养农作物、蔬菜，用以遮阳、保湿，也利于昆虫的滋生和繁殖，同时为林蛙提供了隐蔽的栖息场所。设置喷灌设备，干旱时用于喷水保湿，还要设置排灌设备，以便涝时排水。

保证一定面积的水环境，是平地圈养时哈士蟆生存的必要条件。放养前，清理干净水池内的淤泥、杂物，进行消毒处理，待毒性消失后，即可放水，以缓流水最佳，池内种养水生植物，如水浮莲、水山药等，水深0.5～1米（越冬时加深水位）。封沟养殖时，沟内要有四季长流的无污染河水或小溪，并建有较大面积的深水沟塘，水深2米以上，作为林蛙的越冬场所。

②饲料　平地圈养时，对于每批林蛙进行食性驯化的养殖场，要安置好各种饲料设备，贮备足够的饲料原料，用以配制颗粒配合料。对于不进行食性驯化，以天然饵料作饲料的养殖场，要建好活饵料培育场，养殖蚯蚓、蝇蛆等，也可在哈士蟆集中栖息的场所设置诱虫灯或堆肥育虫，以增加饵料来源，减少饲料开支。封沟养殖时，也可设置诱虫灯或堆肥育虫，增加饵料来源。

(2) **放养** 成体林蛙个体大，一定要注意放养密度，如果平地圈养，一般每平方米水面30～50只，如果是后备种用林蛙，可降低放养密度，为每平方米水面15～25只。放养时，还要按大小、强弱进行分级分群，以免强大欺弱小，摄食不均，发育不良。

封沟养殖时，由于坡地面积较大，放养量一般不足。如果天然饵料来源充足时，可加大放养密度，但不可过大；否则，当饵料不足时，个体间也会相互竞食残伤或迁徙逃跑。

(3) **饲养** 封沟养殖时，哈士蟆以天然饵料为主，为增加饵料来源，可在其活动的山林中安装诱虫灯或堆肥育虫。平地圈养时，在林蛙幼体时期就要进行食性驯化，饲喂配合料和屠宰副产品等，一般每日2次，日投料量为体重的10%～12%。也可在林蛙活动场所装诱虫灯、堆肥育虫或设置饵料培育场。如活饵料充足时，可减少配合料等死饵料的投喂量。

(4) **管理**

①保证饲料充足，营养全面，尤其饲料蛋白质的含量要充足，动物性饲料所占比率不少于60%，并辅以活饵。

②在陆地活动场所设置喷灌设施，加大植被的种养密度，保证环境的潮湿阴暗，利于哈士蟆栖息，也利于招引昆虫来此繁殖。如果是平地圈养，要保证有一定面积的水域，并保证水质清新。如不是缓流水，每周换水2～3次。炎热天气，每次更换池水的1/3;凉爽天气,每次更换池水的1/5。更换池水最好是日晒曝气水,温差不大于2℃。另外，定期对养殖场地进行消毒，设置好越冬用的深水池，以备越冬。

③作为平地圈养，随林蛙个体的增大，要及时调整放养密度；大面积封沟养殖，放养密度的大小要依其饵料的多少而定，饵料多时，密度大些；饵料少时，密度小些。

分级分群在林蛙的养殖中也非常重要。对于成体哈士蟆，每1～2个月就要观察群体发育情况，挑选出发育过快和过慢的个体，分别饲养，以防饵料不足时弱肉强食或以强欺弱，造成弱小的发育缓慢，影响整体生产效益。作为大面积封沟养殖，在放养时尽量将大小、强弱相似的幼体放在一起，成体养殖时不再分群。

④创造一个安静的环境，以利于哈士蟆的摄食和生长，并经常观察林蛙的生活情况，发现病害要及时处理，尽量清除非养殖蛙类，保证隔离墙的完整，防止敌害侵入和林蛙的逃跑。

⑤越冬管理　2龄林蛙，基本达到体成熟和性成熟，所以在越冬前要加强饲养管理，保证林蛙有良好的体能储备和生殖系统的健全发育，以备用于取油和出蛰后作为本场用或外销的种用林蛙。其越冬条件基本同于幼体林蛙，主要是水下越冬，具体管理措施可参阅幼体林蛙的越冬管理。

3. 越冬期的管理　每年到达10月份以后，气温降至15℃以下，林蛙纷纷下山。其间除了商品蛙被采收之外，剩下的种蛙及幼蛙均下到沟溪边，准备选择越冬地进行冬眠。

越冬期的管理要点如下。

（1）整水位，防止断水或冰化　在林蛙入池冬眠之后，要始终保持足够的水位（一般不低于1.5米），特别要防止严冬断水。越冬期水位必须保证冰层下有1米深水层，并且要处于流动状态。

在河道冬眠的，还要注意检查河道的淹冰状况。发现淹冰，要及时设法疏通河道，以防干涸断流，冻死林蛙。

（2）要防止和减少人为干扰　林蛙在冬眠期间，尤其是在水面结冰之后，要禁止敲击冰面，防止孩童破冰捕鱼。

（3）预防天敌侵害　冬眠期间的主要敌害为鼠类如水耗子及肉食性鱼类如鲶等。其预防方法是投放鼠夹或鼠药及秋季捕鲶等。

4. 出河期的管理　春季林蛙从冬眠中醒来，离开冬眠场所来到繁殖场，此过程叫出蛰，又叫出河。这段时间称出河期。封沟养蛙，一般让其自然出河，即让在越冬池内越冬的林蛙自然出池上岸，人们在岸上捕捉收集种蛙，并将其送到繁殖场。

也可采用人工出池法。具体方法是将越冬池进水口封闭，开放出水口，排出池水，将种蛙一次全部取出并转移至繁殖场。

出河期各地并不一致，因气温回升快慢不同，自南向北逐渐推迟。辽宁省平均为3月末，吉林省平均为4月上旬，而黑龙江省一般在4月中旬左右出河。此期要注意看管，严防盗猎。

5. 封沟养殖林蛙的捕捉方法 林蛙的捕捉直接影响林蛙油的生产和质量，因此，必须认真按照有关要求严格执行，保证质量。

林蛙的寿命一般为7～8年，生长3年后即可捕收。捕收林蛙是收获养殖产品取得经济效益的时机。捕收过程要抓住3个基本环节，即准确掌握捕收时机，尤其要准确掌握集中入河时间，选择适宜的捕收方法和工具，正确选定捕收地点。

关于掌握捕收时机问题，主要是掌握林蛙集中入河的日期。集中入河期一般只有几个晚上，在这段时间内蛙群半数以上集中下山入河。

捕收之前要事先做好捕收的一切准备，在集中入河期进行捕收。如果抓住了捕收时机，加上捕捉方法和工具适当，在一两个晚上，可捕收一半以上。这样集中捕收，速度快，省工省时，降低生产成本。

如何判断和确定林蛙的集中入河时间，可以从日期、气象、物候三个方面进行判断和预测。从时间上看，在吉林省林蛙首次集中入河时间出现在9月中旬至下旬。

从气象条件上看，降雨是林蛙下山入河的首要条件，从小雨到大雨都能促使林蛙下山入河，但以中雨对林蛙下山入河最为有利。在降雨的同时水温和气温在10℃左右，并且必须没有大风，林蛙才能出现大批集中入河。有时虽然降雨，但温度低，有大风，林蛙便不能集中入河。

物候特征也能判断林蛙下山入河的时间。鞘翅目昆虫瓢虫的动态可作为林蛙下山入河的物候根据。当发生降雨的数小时之前，大量瓢虫集中活动是即将降雨的先兆征候，也是林蛙下山入河的物候特征。

从日期、气候、物候三个方面结合准确判断林蛙集中下山入河时间，从而为大批捕收事先做好充分准备。

捕收方法和捕收工具决定着捕收的产量和经济效益。要因地制宜，根据河流的自然条件，修建必需的捕收设施，如小型水库、塑料薄膜围墙等。选择合理的捕收方法和工具，不失时机地将商品蛙捕捉到手，取得应有的经济效益。现在有些养殖户养出来不少林蛙，但由于捕捞方法不当，收获不到商品蛙，影响了养殖户的经济效益和养蛙积极性。

捕蛙还要选择正确的捕捞地点。在养蛙区内，蛙的分布并不均衡，密度差别较大，因而在下山入河时自然有的河段密度大，有的河段密度小。这里说的捕捞地点，是指捕捞时必须选择林蛙密度大、集中分布的河段作为重点捕捞地点，采取各种合适的有效手段进行重点捕捉。

林蛙秋季捕捞时间从 9 月下旬到 10 月末，约 1 个月的时间。此时的林蛙肥胖，林蛙油质量好，经济价值高，因此秋季是林蛙最理想的捕捞季节。在整个捕捞期内要坚持白天捕捞与晚上捕捉相结合，把商品蛙全部捕捉到手。秋季捕蛙要注意资源保护，必须留下足够繁殖用的种蛙。

捕收规格，林蛙必须生长到 19 个月以上才能作为商品蛙。有时气候不正常，或蝌蚪期饲养管理不好，19 个月不能发育成商品蛙，这样的蛙不能捕捉。幼蛙应当严禁捕捉。应当严禁用毒药、炸药、电击等毁灭性的方式捕蛙。

下面介绍几种封沟养殖常用的几种捕捞工具及捕捞方法。

(1) 鱼坞子捕捞法　鱼坞子是东北山区传统的捕蛙工具，捕获效率高。鱼坞子过去是用树木条编织而成，现在可用铝丝、铁丝来编织，牢固而耐用。其结构可分为口部、颈部、腹部三个部分。口部呈喇叭状，直径为25～40厘米。口径尺寸决定于坞子规格，坞子大，口径也要增大；反之，坞子小，口径亦随之缩小。颈部细，一般直径为15～20厘米，坞子颈部直径不能完全随坞子的变大而加大，颈部太粗，蛙易从坞子爬出来逃走。腹部呈椭圆状，是坞子的主体部分，是捕获物的贮存场所。颈部的直径是腹部直径的1/3左右。

编织坞子要求致密结实，枝条与枝条间的空隙不大于0.5厘米。空隙超过1厘米，体躯较小的雄蛙可从缝隙中钻出逃走。但又不能过于密集，过密透水性不好，水从坞子里反冲出来，蛙亦随水从坞子里反弹出来逃走，影响捕捞效果。

在传统坞子原理的基础上，对坞子进行改良，使之在捕捞操作上更加方便实用。坞子的改良主要是在腹部，编坞子的腹部时，不编底，而编成圆形开口，直径约为20厘米，再用塑料、尼龙线编织成网袋固定在坞底圆口上。网袋末端开口，捕获的林蛙由此口取出，捕蛙时打开袋口，取蛙之后再结扎起来。

坞子捕蛙是利用河水的落差捕捉，在蛙随水流漂移时通过坞子口落入坞子的腹部，因水流冲击坞子内的林蛙不能从坞子口返逃出来，从而被捕获。因此，使用坞子捕蛙，河床必须有一定的梯度，水流湍急，下坞子处必须经人工修整形成一定落差，其高度一般不应低于30厘米。

用鱼坞子捕蛙，要选择好下坞子的地点。既要选择河床坡度大，水流湍急的河段，又要选择该附近林蛙数量较多的河段。比如，夏季放养条件好，林蛙密度大，周围山地林蛙喜欢栖息，林蛙入河数量必然多，选择这样河段下坞子捕获量高。

下坞子须修拦水坝，水坝呈倒八字形，110°～120°，两边水坝称坞子墙，中央开口称坞子口。拦水坝将河水拦阻水位增高，水流集中从坞子口流出，形成一定落差。修筑拦水坝的材料，要因地制宜，就地取材。在砂石构成的河床，可用砂石修筑，用石块砌坝，坝的里面用细沙填充缝隙，使蛙不能由石隙中钻出。拦水坝的高度，以水不能从坝上流出为限。如果坞子口水流湍急，水量过多，可让水从拦坝漏出去一部分，减少坞子口处的水量；相反，坞子口处水流较小，则要把拦水坝堵得严密，减少漏水，把水量集中到坞子口。由泥沙构成的河床，可用泥沙修拦水坝。如果河流水量较大，泥沙筑坝易被水冲毁，要在河水中打进木桩；用枝条在木桩上编织成墙，在里面堆积泥沙，筑成拦水坝。坞子口两边水坝要整齐结实，并钉两根木桩，供安放坞子时拴住喇叭口。

根据林蛙的密度和水流量的大小来确定坞子在河流上的密度，在养蛙区应大一些，尽量多修拦水坝，多下坞子，应在70～80 米距离内修一道水坝。坞子的安放要依据水量而定。水量较大，落差大，坞子倾斜度可大，其倾斜度可在 40°～50°，呈半卧式状态。如果水流量不大（流量 0.09 米^3/秒），流速不快，冲击力弱，坞子要采取略微倾斜的半立状态，倾斜度应在 60°～80°。坞子倾斜度大，在水流量小的情况下，能防止蛙从坞子里爬出来。

在捕蛙季节，林蛙大都在夜间进入水中，因此，多在夜间应用坞子捕蛙，但在林蛙数量较多的情况下，白天也能用坞子捕蛙。一般应在 16 时前后将坞子安放在拦水坝上，在林蛙入河高峰期，17 时左右林蛙即开始入河。根据坞子的大小和林蛙数量的多少来掌握起坞子的时间，在林蛙数量较多的情况下，每30～60 分钟要起坞子一次，将其中的蛙取出。如果时间过长，坞子腹部已经装满，蛙会从坞子口逃跑，改良后的坞子装蛙网的体积较大，可适当延长时间。一般 23 时入河数量减少，到 24 时基本停止入河，此时，可停止下坞子。亦可把坞子一直放到第二天早晨，再将其中的蛙取出。总之，下坞子时间是从 17～23 时，其中以 17～22 时捕捞效率最高。

在捕捞季节除入河高峰日之外，一般在傍晚下坞子，到 21

时前后起一次后，到第二天早晨撤下坞子。

鱼坞子捕捞优点是捕蛙效率高，在温度和雨量适合的条件下，坞子捕捞效果甚佳，另外，鱼坞子捕蛙与手捉网捕相比较，既节省劳动力，又节省时间。

(2) 塑料薄膜墙捕蛙法　塑料薄膜墙简称塑料墙。利用塑料墙拦截捕蛙，效率高，省工省时，是一种可以广为采用的有效的捕蛙方法。

塑料墙要修在林蛙下山入河的必经之路上，沿河流修建，规模大小依捕林蛙河段的长短而定，修建方法，先选定修塑料墙的路线，按路线先立木桩，每 2 米距离打一个桩，桩高 40 厘米，木桩之间以横杆相连，或用粗铁丝联结。塑料薄膜固定在木桩与横杆之上，下边用土将塑料薄膜压实。塑料墙要垂直，并且不要有大的皱褶，防止蛙沿皱褶爬出墙外。沿塑料墙得力边，面向放养场的一边修整 50～100 厘米宽的捕蛙道，将杂草草丛割掉，铲平土堆乱石，清除杂草枝条，变成平整的蛙道。捕蛙道的作用是在捕蛙道上进行捕蛙，只有清除杂草等物，才能观察到下山的蛙，并将其捕捉。林蛙下山入河时遇到塑料墙的阻拦，便停留在塑料墙的下面，企图越过墙进入河流。几次跳跃过不去，便停留在塑料墙下，捕蛙时手持电筒等照明用具和装蛙工具，沿塑料墙往返捕捉。林蛙遇见光的刺激，便立即在原地静止不动。伸手即可捉住，只有极少数蛙在光照下仍能跳跃。利用塑料墙阻拦捕捉蛙，只能在夜间进行，到达塑料墙下的蛙如不在夜间捕捉，天亮之后就重新返回森林无法捕捉。

塑料墙能将成蛙与幼蛙一起阻断，切断其入河的路线。在捕捉成蛙的同时，应将幼蛙一块加以捕捉，捕捉之后按越冬方法加以处理。有些地方用塑料墙捕蛙捕捉成蛙，幼蛙丢下来不管，由于幼蛙无法越冬造成严重破坏。人工养蛙因数量多，更须对幼蛙加倍爱护，精心捕捉送往越冬场所。

塑料墙在使用过程中，由于风吹等原因，容易破损，要随时修补。

另外，还可用塑料窗纱作围墙，窗纱有孔隙，通风好，不易被吹坏，捕蛙效果好。

(3) 手工捕捉法 手工捕蛙是林蛙产区的传统的捕捉方法，现在商品蛙中相当一部分是用手工捕捉的。

①翻石捕捉法 石块是林蛙天然隐蔽所，在石块构成的河床里，林蛙主要潜伏在石块下面休眠。有时在大石块下面可潜伏十只至数百只之多。捕捉潜伏在石块下面的蛙用手捕捉是有效的方法之一。在石块密集、水流湍急的河段，捕捉石块下之蛙采取手摸捕捉法，先摸一下石块四周空隙，然后将手沿石块空隙插入石块下面，摸到蛙即将其抓住。有时石块下有许多蛙，捕捉动作要迅速，捉出之后送进袋内，再继续捕捉，一直捕完为止。

有的河流，河床由石块与砂石混合而成，流速不快，水质清澈透明。在这种条件下，可采用翻石法捕捉。用手翻动石块，潜伏在其中的蛙在揭开石块之后开始活动，要迅速用手将其捕捉。有时石块之下还有小石块，蛙潜伏在小石块之中，要用手拨开小石块捕捉其中的蛙。

有的河流中石块大，重达几十千克，甚至数百千克，手翻不动，需用铁棒或粗木棒撬动。石块被撬动之后，石下蛙便向外游出，随即可用手进行捕捉。在蛙密度大的河流，一块石块，其中可以隐蔽大量蛙，要反复撬动石块，使其中之蛙都跑出来。当然，捕捉大石块下面的蛙，最好用网具配合，在石块下游下网，使蛙入网而被捕捉。

②沙窝捕捉法 在以沙粒、砾石为主要成分的河床，河床松软，林蛙栖息在沙粒之中。在比较松软的沙粒上，蛙用后肢股部向下后方移动，逐渐将整个身体埋伏在沙粒之中。埋伏沙中之后，形成一个沙窝，呈圆形或椭圆形，中央略凸，边缘下凹。在两三天之间，沙窝外观明显，沙粒新鲜而疏松。时间稍长，沙粒上沉淀淤泥，变得与周围沙粒一样，沙窝便不清楚。

捕捉埋伏在沙窝中的蛙，要有经验，要能准确判断林蛙栖息沙窝的特点，有经验的捕捉者，看到沙窝，伸手即能捉到其中的蛙，速度快，效率高。

③掏洞捕捉法　河流沿岸树根及草根下，水流冲击形成的空洞，是林蛙最喜欢栖息的越冬场所，有时集中栖息大量的林蛙。掏洞捕蛙是养殖生产主要捕蛙方法之一。

首先要寻找蛙洞。林蛙栖息的空洞多在稳水处，洞中空隙小，并且充满水，洞顶与水接触，洞中有松软树根及淤泥等，林蛙喜欢在这种洞中冬眠。

找到土洞之后，要进行试捕将手伸入洞内，探索其中是否有蛙，如树洞深，摸不到里边，可用铁锹挖去洞外树根泥土等物，再用手探查，摸到蛙之后，用手掏出，一直到捉光为止。一个蛙洞，有时能捕到数百只甚至上千只蛙。

捕完蛙之后，要进行修复，恢复原来水位，并将树叶、草秆等物填于洞内，让蛙再次进入洞内休眠。

④草把诱捕法　泥质河床，在其中缺乏隐蔽物的河段，可采用草把诱捕法。用草类及农作物稿秆，如玉米秆、南瓜秧等，捆扎成草把状，直径 30 厘米左右，放入河流缓水段，用石块压在河底。林蛙入河之后钻入草把之中休眠。捕蛙时，用钩子将草把迅速提到河岸，放在河岸平坦无草丛之处，打开草把，将其中的蛙捕捉，之后再将草把放入水内，可反复捕捉几次。

草把诱捕法简便易行，捕蛙效果好，在有条件的地方可以采用。

(4) 网捕法　网捕法是民间传统捕蛙方法，效率较高，是养蛙场可以采用的捕蛙法。一般捕蛙网具，主要是撮网（或称抬网）。撮网是一种小型网，分网柄、网片、网坠三部分。网柄两根，每根长 1.2 米左右，网片为长方形，规格大体为 70 厘米×100 厘米。网坠用铅块或铁索等制成，系在网片底边，其作用在于使网片底边沉入河底，使捕获物进入所构成的网袋中。

撮网捕法，要两人合作，一人操纵网具，将网安放河中，另一个人用耙或镐等工具翻动石块等隐蔽物，把蛙翻动出来，顺水进入网袋之中，将网提起捡出网中之蛙。

在林蛙数量较多的河段，撮网捕捞比手工捕捉效率高。

拦河截流捕蛙法：在有支流的河段，将其中一个支流截流，排干河水，捕捉其中之蛙。这是东北山区传统捕蛙方法之一，捕捉效果很好。

(5) 拦河截流法 因地制宜的采用石块、泥沙、枝条等物。在河上筑临时水坝，将河水阻断改道。断水河干之后，翻动河底石块，捕捉其中的蛙。大石块用手翻动，或用棒撬动，小沙砾要用耙子翻动，个别底洼积水处，可用水桶掏水捕捉。用这些方法，基本可将断流河段之蛙全部捕出。在捕捉过程中注意保护幼蛙，防止石块砸伤及工具损坏幼蛙。

捕捉之后，要立即拆除拦河坝，恢复原来的流量，让林蛙再进入此河冬眠。在林蛙入河期间，一个支流可以反复截流捕蛙数次，即每隔3～5天截流捕捉一次,每次都可有收获。

(6) 沟壑捕捉法 有的养蛙场的越冬场是山区水库，或是较大的河流，水量大，河流深，用一般方法捕捉困难。在这种情况下，可在山脚下，或河岸上挖沟，阻拦下山入河的蛙。蛙在入河运动过程中掉进沟壑里不能爬出,从而被捕捉。

这种方法，主要是在林蛙下山的必经之路，挖沟拦截，有两种方法。一种方法是将整个森林放养范围内的河岸全部挖沟阻拦。这种方法效果虽好，但工程量较大。另一种方法，是选择林蛙下山入河必经之路挖沟壑。这种方法，工程量小，效果也好。

挖掘时，选择土层致密坚实、不易塌方的地段挖沟，深60厘米，宽50厘米。沟壑必须垂直，防止林蛙爬壁逃走。在砂质土壤或土层中石块多的土壤条件下，不能采用此法。

沟壑捕蛙，林蛙入河高峰期，要在夜间沿沟捕捉，将成蛙捕出。同时将幼蛙也捡出送往预定河流越冬。切不可在入河高峰期，晚上不捕，等白天捕，这样，蛙在沟内时间长，一部分蛙能攀上沟壁而跳走。另外，蛙集中在沟里，也易受天敌之危害。在整个入河期，除高峰日之外，可在早晨沿沟捕捉，不必在夜间捕蛙。

在使用过程中，由于降雨及人畜践踏，沟壑易出现倒塌，要及时进行修补。另外，每年要对沟壑实行检查，修补塌方，清除沟里堆积物（如土块、枝叶等）和杂草。

沟壑捕捉法挖沟施工，工程量较大，投资多，对土质条件要求较严，并且需每年修整，耗费工时，不宜大规模修建。

(7) 水库（塘）捕捉法 山区小型水库，包括小水塘，不仅是林蛙的优良越冬场所，也是良好的捕蛙场所。林蛙具有自动集中深水区越冬的习性，小水库和水塘能集中大量林蛙。从 9 月中旬开始陆续进入水库，到 10 月中旬前后可以放水捕捉。有些水库设有闸门，打开闸门，排除库水，捕捉水库中的蛙。有的水库，在坝底下设有排水管，可通过排水管排干库水。捕蛙和捕鱼不同，库水不能排干，要保留一定的水量。具体留多少水量，以捕蛙方便为原则。如果将库水全部排干，其中的蛙会四处跳散，无法控制。留有一定水量，便于采用网具进行捕捞。捕蛙可用抬网、撮网等工具，捕捉效率高。小型水库可先在水库岸边设立塑料围墙，将库水排干，不用网具捕捞，而用手工捕捉，主要在水库里捕捉。有些上岸登陆，可在岸上捕捉。

利用水库捕捉蛙时，也需注意保护幼蛙，捕蛙时注意不踏伤幼蛙，捕蛙之后立即关闭闸门蓄水，并需在水库出口处设拦网，防止生活环境破坏，幼蛙顺水逃离水库。采用此法捕蛙还要考虑当地的气候情况，水库排水后，在冰冻之前能否完成蓄水量，保证林蛙的安全越冬。

（五）中国林蛙封沟式养殖新方法——沟系改造

中国林蛙封沟式养殖是我国目前林蛙养殖中，起主导作用的养殖方式。不同的沟系，林蛙的年产量存在巨大的差异。在两个春季孵化数量相似的沟系，回捕率存在明显的不同。通过大量的调查研究，认真分析了各个高产沟系在环境、天敌、食物等各方面的因素，总结出影响林蛙死亡率的主要因素有以下几个方面：

在环境方面：隐去林蛙死亡的主要原因在冬眠期，由于适合林蛙冬眠的越冬场所不足，分布不均匀造成大批林蛙，特别是当年幼蛙在越冬期间不能及时寻找到合适的越冬场所而被冻死。

在食物方面：目前各封沟养殖林蛙场、孵化池、蝌蚪池过于集中。使当年孵化、变态的幼蛙不能均匀分布在各个沟系的各个部分，造成局部密度过大、食物不足、饥饿而死。特别是当年变态幼蛙常常集中在变态池 500～1 000米范围，食物更加严重不足，因而引起的死亡也是最高的。

所以封沟式养殖场必须针对上述两个方面，走出一条新路；其主要核心问题是“沟系改造”其主要操作如下：

第一，建设新型越冬池并增加越冬池数量。

越冬池应建设在冬季有流水的沟边，每个越冬池面积在30～50 米^2，水最深在 2 米。

地面是一斜面，周围应有总面积为深度在 20～30 厘米的浅水区。有利于春季林蛙就地抱对、产卵、孵化，使每个越冬池建有产卵池、孵化池、蝌蚪池、变态池的多种用途；越冬池分布密度为，在河流中每 300～500 米必须有一个这样形成的越冬池；其保水要好，冬季水源要充足，不能被冻透，四周植被要好，遇上林间没有妨碍林蛙上山、下山的天然屏障。例如，一个 20 千米长的沟系应至少要有上述越冬池 40 个。只有这样才能保证大部分的林蛙安全越冬而不需专门设置蝌蚪池。

第二，就是想方设法增加沟系内的昆虫数量，其主要方法是天然饵料的诱生法。包括以下两种方法：

生虫坑法：在林间、树下挖一些深 0.4 米、长 3 米、宽 5 米的土坑，内部铺放一层塑料布，以存积雨水。并在其中放置各种杂草、树叶、树枝等杂草表面稍高于坑中水面，不久，其中将繁殖吸引大量的野生昆虫为林蛙提供饵料。其密度为每50米^{2}设置一处。

野草捆扎法：割取杂草捆实堆放成堆，并压实；半月后其内部将产生大量昆虫。

通过以上“沟系改造”措施，就能达到越冬池多，过冬的林蛙就多、其产卵多、蝌蚪就多、幼蛙就多、商品蛙就多、回捕率就高。同样生虫坑多、昆虫就多、林蛙就有充足的食物、成活率高、回捕率就高。

所以回捕率与越冬池就成正比，生虫坑的数量成正比。因此在封沟式养殖条件下，开展“沟系改造”是今后封沟式养殖的发展方向。

五、中国林蛙集约化养殖

（一）场地选择

1. 场地选择的基本要求　林蛙养殖是一项商品生产，具有一定的规模、批量和期限，因此，在选择、规划养殖场时，必须全面考查，通盘考虑，要立足实际，讲究效益，林蛙养殖方式有许多种，但基本道理一致，所以在选择场地时基本相同，主要考虑以下几方面：

（1）土质　应以砂石地，透水、透气性好，无污染的庭院，如院中有树木遮阴则更佳，雨季不应积水，排水应通畅。

（2）水源　井水、河水、泉水、自来水均可，但应保证来源充足。

（3）林蛙场的生态环境要优良　林蛙既怕冷又怕热，所以场地一般要选择在背风向阳、冬暖夏凉的地方，这样适宜蛙类的繁殖生长。林蛙喜静，周围环境要安静，无强烈噪声或人为干扰，蛙场附近没有排放污染的工厂。如造纸、塑料、农药、化工等性质工厂，防止有毒物质污染危害林蛙生长。

2. 养殖方式及建设成本　林蛙养殖场地的大小，应根据其养殖方式、饲养规模和资金投入量来确定。

（1）按养殖方式　可分为窖式养殖、塑料围养、木网箱养殖、网箱式养殖、室内养殖、室内工厂化养殖，其中窖式成本最低，依次升高。例如，小型规模：5万幼蛙只需场地200米^2；室内：30米^2（昆虫饲养），如此类推，可规划养殖场地大小，包括孵化池、蝌蚪培育池、越冬池（地窖）。

(2) 按资金投入量

①固定投入

窖式土池：300 元/100 米^2（室外）；

塑料布围养：350 元/100 米^2（遮阴、防雨）；

网池养殖：400 元/100 米^2（遮阴、防雨）；

木网箱：1 200元/100 米^2（遮阴、防雨）；

水泥池：2 000元/100 米^2（遮阴、防雨）；

室内养殖：10 000元/100 米^2（越冬饲养资金还要增加）；

蝌蚪池、产卵池、孵化池：300 元/100 米^2；

蝌蚪饲料费：200 元；

黄粉虫费用：4 000元。

②生产投入　每生产 5 万只成蛙需投入，包括饲料、水电、人工、饲料等，其中饲料费用占 70%。一般刚刚从事林蛙养殖，应从小面积、小投入开始，取得经验后再扩大规模，增加投入。但一个完整的林蛙养殖场应考虑好配套建设，产卵池、孵化池、蝌蚪池、幼蛙池、成蛙池，直到温室，这样才能缩短生产周期，实现规模生产，形成商品化。

（二）场地建设

蝌蚪池是专门培育蝌蚪的池子，若规划得好，也可兼作产卵池、孵化池、变态池、越冬池，一池多用，蝌蚪池的大小，一般取决于生产规模，约 5 万只规模，应有 80 米^2 的蝌蚪池。

蝌蚪池应建在地势平坦，通风向阳的地方。按建筑材料不同分成两种：永久性蝌蚪池和临时性蝌蚪池。

1. 临时性蝌蚪培育池　规格：2 米×6 米、2 米×4 米、2 米×7 米，深 40 厘米，池埂一般上宽 30 厘米，下宽 40 厘米，高 50 厘米，池底平坦，出水口面比进水口面低 10 厘米，铺上塑料薄膜，出入水口按对角线设置，池底铺上 5 厘米厚的细沙石，出水口设置塑料筛网防止蝌蚪流失。池埂外侧还应设置幼蛙收集沟，来捕捉变态后的幼蛙。蝌蚪池可以兼作产卵池、孵化池、变态池（图 1、图 2、图 3、图 4）。

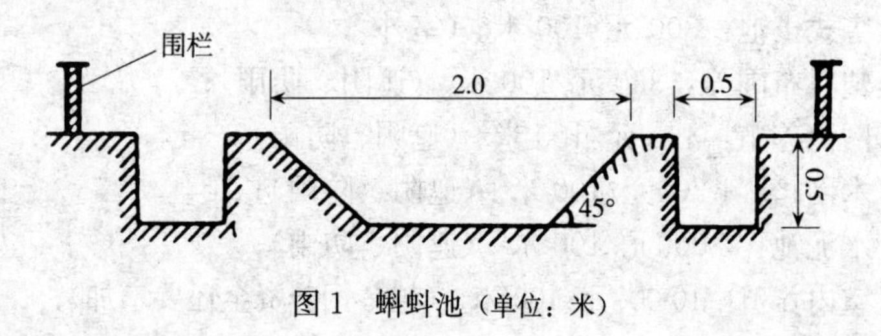

图 1　蝌蚪池（单位：米）

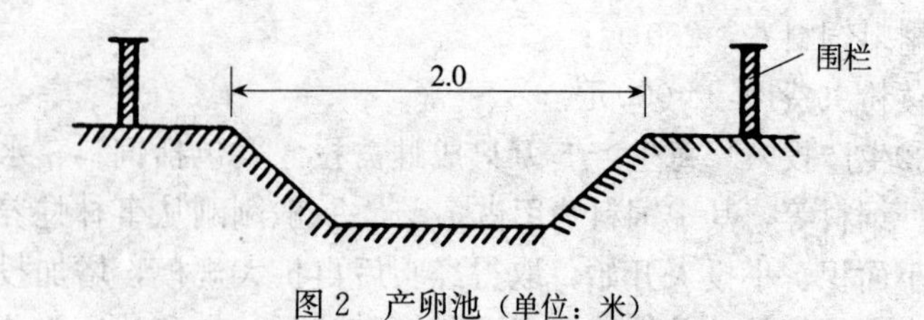

图 2　产卵池（单位：米）

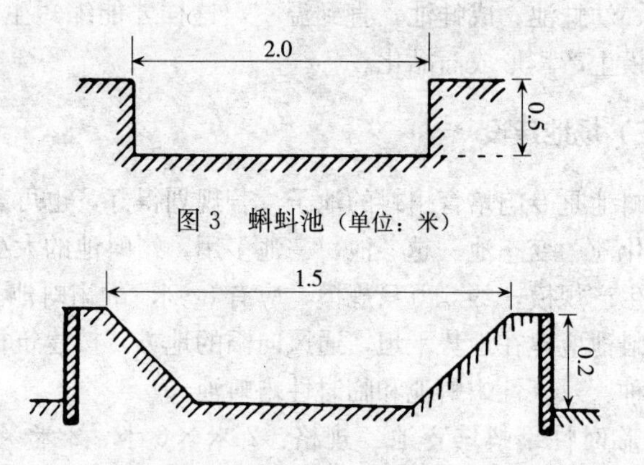

图 3　蝌蚪池（单位：米）

图 4　蝌蚪变态池（单位：米）

（1）产卵　将种蛙放在产卵箱中，再将产卵箱放在池中，产卵箱内水深在 10～30 厘米，如果池水深可将箱底部用砖垫起，也可使用倾斜式放置产卵箱，产卵箱结构（图5）。

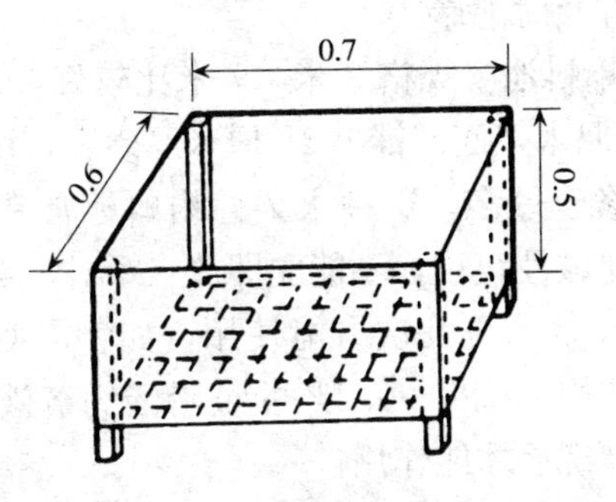

图5　产卵箱（单位：米）

(2) 孵化　方法很多。可将蛙卵直接放于池中，但极易粘上尘土杂物，造成沉卵现象。也可将其放在缸盆中孵化，因地制宜，就地取材，选择使用。最好的孵化工具是孵化网箱，其省工、省成本，安全可靠。孵化网箱用40目以上尼龙纱布或纹帐纱布做成，规格一般长1.0米，宽0.5米，高0.4米，下面有底，上面无盖，在四角装上固定绳索，用木桩固定网箱四角，网箱内水深保持30～40厘米，并稀疏放置些水草，便于卵块的展开、孵化等（图6）。

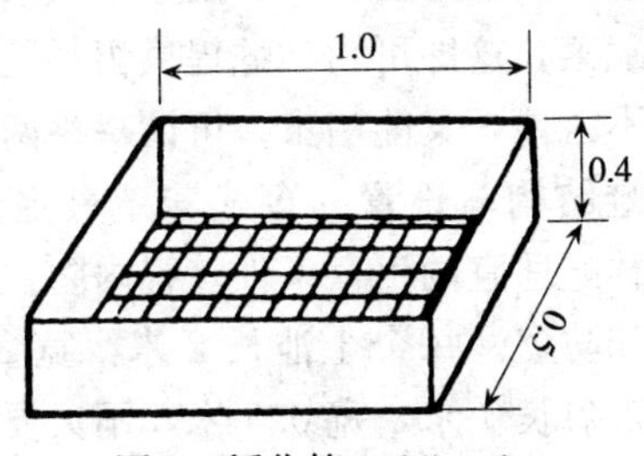

图6　孵化箱（单位：米）

(3) 蝌蚪池　直接使用即可，主要是设置一饵料台。饵料台可用各种盆、木盆制作，沉入水下10厘米。防止饵料扩散，污染水质。

(4) 变态池 用作变态池时，池边放置木块、树枝等易附着物，使变态幼蛙及时上岸。

2. 永久性蝌蚪池 规格 3 米×7 米比较好，结构基本同上，深度在 70～80 厘米，底部铺上 10 厘米厚砂石，用水泥建池造价高，一般不宜修建过多，这种永久性蝌蚪池常常兼作林蛙越冬池，新建水泥池碱性很重，不能立即放入蝌蚪，需灌满清水浸泡 10～15 天，并反复漂洗几次方能使用，如急需使用，则以快速脱碱法除之，即用 0.1%～0.2%的过磷酸钙溶液浸泡 1～2 天，排干，用清水漂洗后才能作用。

(三) 各种不同养殖方式

体重在 10 克以上的林蛙食量大，生长快，进入了成长发育的旺盛期，如何创造条件，加速林蛙的生长速度是这一时期的主要任务。育成蛙对生活条件要求不像幼蛙那么严格，较幼蛙养殖可粗放得多，因此，育成蛙的饲养形式有多种多样。例如，窖式养殖、塑料薄膜围养、网箱养殖、木箱养殖等。在这里我们分别加以说明：

1. 窖式养殖的结构规格及管理方法 窖式要选择黏土地或沙土各半，土壤潮湿，透水性较好，雨季不积水，窖的上表面周围可以种植各种蔬菜，这即可为林蛙提供饵料昆虫，也可遮阴挡雨，窖式养蛙既不占地，又能治虫，可谓一举两得。

(1) 窖式养蛙结构与设置 窖式养殖最主要是防鼠、防敌害；其次要创造林蛙适宜的生存条件，窖内防积水，场内排水要方便，便于管理和防盗。每个土池长 2 米，宽 2 米，深 0.5 米，上方有棚盖，棚盖口长 1 米，宽 0.5 米，雨天要把盖口关上，窖的上表面除棚盖口外，其余地方都可种植蔬菜。为防鼠和防雨水冲入池内，要在整个窖式周围挖一条长方形的防鼠沟，深 40 厘米，宽 30 厘米，既可防鼠又可排水，如池壁不牢固，可以用木板挡住或用砖砌，池的底部要铺上一层厚 10 厘米腐殖土，地面要修成中间高、四周低的台状，防止积水淹没林蛙。土台中央正对棚盖口，放置料盘，料盘长、宽各0.5米，底部用黑色布四周用木条框制成。腐殖土上放置带叶的树枝，以枫树、柞树、杨树为好。但不可过密，也可用瓦片、石块等。

(2) 幼蛙的放养 变态后完全脱尾的幼蛙即可放入池中，每池可放800～1 000只幼蛙或500只育成蛙，幼蛙大小要尽量一致，幼蛙在放置前要用4%～5%盐水清洁，放置时要均匀散放，不可堆放，然后任其自由隐蔽。

(3) 窖式养殖的饲养管理技术

①投饵 窖式养殖主要饲喂人工养殖的黄粉虫，特别是在林蛙生长早期、后期，自然界昆虫很少，更应补充大量黄粉虫。

要安装诱虫灯：在棚盖口、饵料台的上方，高于盖口30厘米处设置一盏引虫灯，于无风雨之夜开灯，各种趋光性昆虫群集于灯旁，坠于池中，成为林蛙的食物。灯光诱虫，以30瓦的紫光灯效果最好，其次是40瓦的黑光灯，普通灯效果最差。

黄粉虫投喂技术：黄粉虫每天早上8时投喂一次，投喂量是全天的1/2。下午4时投喂一次，是全天量的1/2，饵料盘要保证清洁干燥无污染。雨天不要投喂。在雨停后马上投喂。全天投喂量是蛙体重的4%～8%，或以投喂后2小时吃完为标准。投喂前黄粉虫应拌入蛙用生长素，多种维生素，特别是维生素E、维生素A，防止由于饲料单一而引起的代谢性疾病的发生。

②窖内湿度的控制 窖内空气相对湿度应保持在80%～90%，不能长时间低于60%，否则对蛙生存有危害。湿度降低时可用喷雾器喷雾，也可在土池内预先埋设塑料软管进行渗漏增湿。不能进行大强度的喷浇，使底面腐殖土应保持着20%～30%的水分，感觉是用力挤压无渗出水为标准，绝对不能出现积水。

③夏季要做好防暑降温工作 盛夏外界温度有时高达30℃以上，远远超过林蛙的适应范围，如不采取措施，轻则影响林蛙

生长，重则引起大批死亡。因此，要在棚盖口用稻草或树枝遮阴，或在其上搭建遮阳棚或喷水雾降温。

④严防敌害　林蛙的天敌很多，窖式养蛙敌害主要是鼠和蛇，要及时清除，主要有防鼠沟、电猫、鼠药等。

2. 石棉瓦围养的结构规格及管理方法

(1) 结构与设置　石棉瓦围养应选择土质疏松、透水性好、湿度较大、阴凉之处，林中或房后。每圈以 4 米×4 米为好，塑料围墙要确实，此种方法适用于树下、房后，阳光不能直射的废弃房屋中，需地势平坦，围栏前要全面灭鼠，清除附近的杂物及鼠洞。地面排水要确实，雨后不能有积水，每个围栏长、宽各 4 米，塑料布高 1 米，地下部分应埋进 30～40 厘米，围栏间相互接连，围栏上应搭设遮阳棚，两侧应有排水沟，围栏地面应铺 5～10 厘米腐殖土，四角放置 4 个生虫袋，生虫袋应放在坑中，中间放置长、宽 0.5 米的饵料盘，围栏中堆放几堆压实的杂草，用以生虫、活虫，同时放置一些带树叶树枝。雨季防止林蛙久被雨淋。

(2) 幼蛙放养　每池可放幼蛙8 000～10 000只，或育成蛙5 000只，成蛙2 000只，其他同上。

(3) 石棉瓦围养的管理技术

①饵料　石棉瓦围养昆虫的来源有很多方法，一是投喂黄粉虫，二是堆草生虫，三是生虫袋法，四是用生虫箱法，五是安装诱虫灯。

②塑料围栏中的湿度控制　围栏内湿度应 70%～80%，增湿可用喷水管、地面灌水，塑料围养必须搭建遮阳棚，遮阳棚用稻草搭建，要每天上、下午各喷水一次，围栏内不能积有明水，每隔两天要浇透一次水。

③夏季要作防暑降温工作　主要通过遮阳棚、喷水雾来降温，也可在围栏内增加各类宽大树叶、瓦片、石块等，来达到避暑降温的目的。

(4) 严防鼠害 围养池之间要放置电猫，经常巡池，及时清除鼠害，经常观看围栏上有无鼠洞，如有，要及时补好，放置鼠药，池周围挖防鼠沟，沟内灌水，或四周围水泥墙、石棉瓦等，清除场内各种杂物，使鼠没有藏身之地。

3. 网箱养殖的结构规格及管理方法 网箱养殖就是利用合成的纤维网片，装配成一定形状的箱体，放置在环境湿润、昆虫多的地方，没有阳光直射的阴凉之处，如树林中，房后背阴处，遮阳棚下，网箱养殖适用于林蛙。

(1) 网箱养殖的优点

①管理方便，成活率高。

②可以节省开挖土池、水泥池所需用的土地，节省很多人力、物力。

③投资小，400元/100米^2，在正常情况下可连续使用3～5年。

④捕抓方便，收获时不需特殊的捕蛙工具，可分批捕捉，也可一次捕完，简易方便。

⑤移动方便，如环境改变，昆虫减少可移到昆虫更多的地方进行野外巡回式养殖。

⑥网箱养殖林蛙，规模可大可小，机动灵活，易于推广，只要选择好环境，即可进行，特别适合农户养殖林蛙。

(2) 网箱的结构与设置

①结构 网箱由10目/厘米^2（以幼蛙钻不出为好）的聚乙烯网缝合而成，其具有耐日光性好，不易老化特点。网箱为长方形，管理较为方便，体积不宜过大，3米×2米×1米为好，网箱上要设置箱盖。

②网箱的放置 网箱位置放置的正确与否直接关系到网箱养殖的成败，选择一般有以下几个方面要参考：第一，选择树林茂密林下，地面要潮湿。第二，选择水塘边潮湿地带、水甸。第三，房后背阴处，遮阳棚下。第四，放置处昆虫数量要多。第

五，雨季防雨。

网箱四角可用木棍支撑或四周搭设一个固定框架，便于网箱张开，也可四角拴上绳索，固定在四周的树枝上，网箱底部用土或腐殖土压实，上面也可放入生虫袋，堆放杂草生虫，也可用灯光诱虫，在中央可放置料盘，投喂黄粉虫。

(3) 防逃 防逃是网箱养蛙日常管理的重要内容，每天检查一次，有必要时要设置双层网箱，要检查地面部分有无破洞，一经发现及时补好，另外，对网箱的结合部及缝合处发现缝隙及时缝合牢固。

(4) 搭棚防暑 夏天高温酷暑时在网箱上要搭设遮阳棚，并及时喷水降温；否则，林蛙摄食量会急剧减少，生长减慢，甚至死亡。

4. 木网箱养殖的结构及管理方法 木网箱养蛙法就是利用木板和铁丝网为材料，制成一长方体的箱体，放置在环境湿润(空气湿度大)、昆虫多，没有直射阳光之处，如林下潮湿处，房后背阴处，遮阳棚下，它与网箱养殖有相同的特点，其与之相比优点是防逃与防敌害能力特别好，无需防逃，防鼠。

(1) 木网箱的结构与设置 用木板及铁丝网（铁丝网以幼蛙钻不出去即可）制成一长方体箱体，箱体四周是木板，上下二底为铁丝网，放置在环境湿润、昆虫多，没有直射阳光的阴凉之处，如树林下、草丛中、遮阳棚下，它的优点是无逃逸、无敌害、管理方便。

①结构 木网箱，用木板、铁丝网制成，2 米×1 米×0.4 米的长方体箱，四周为木板，两底为铁丝网，底面要有一固定料盘，上面有一盖板，也可不设。

②木网箱的放置 树林茂密林下潮湿处，水塘边潮湿地带，房后背阴处、遮阳棚下，杂草丛中，土池中。

木网箱底部用腐殖土压实，可放生虫袋、堆放杂草，上部可用灯光诱虫，在中央放置料盘，投喂黄粉虫。

(2) **增湿** 主要是喷灌。每日两次，增湿是木网箱最重要的工作，地面要潮湿，空气湿度在80%～90%，不能长时间低于60%。

(3) 夏季要注意防暑降温，主要方法有喷水、搭遮阳棚。

5. 室内林蛙养殖技术简介 林蛙是两栖动物，由于皮肤进化要比其他蛙类好，所以只要经常保持皮肤湿润，林蛙就能正常生长。室内养殖林蛙，就是利用林蛙的这一生物学特点进行的。

目前室内养殖林蛙主要是利用防空洞，空闲房屋作为养殖场所，有条件的单位可以修建林蛙养殖房，室内养殖林蛙密度大，范围小，林蛙在这种环境条件下，生长较快，12个月就能达到商品蛙的程度。这种养殖方式城乡均可，特别适合家庭饲养。

(1) 室内林蛙养殖的基本条件

①蛙舍 可以利用旧房改建或专门建房，地面应排水通畅，门窗应相对设置，室内通风良好，门窗也不宜过大。有条件的地方，最好是利用防空洞或地下室养蛙。因为防空洞、地下室是一个特殊的小生态系统，具有冬暖夏凉，气温变化缓慢，昼夜温差小，空气湿度大等特点，是比较理想的林蛙养殖场所。

②木网箱养殖 室内养殖林蛙以木网箱形式养殖较好。具有经济、方便、实用的特点（见木网箱说明），也可用水泥池养殖。

③上、下水系统 要有充足的水源，室内养殖林蛙，一般用自来水或井水，排水系统要通畅，用水来控制室内温度、湿度。

④通风降温措施 室内养殖林蛙，夏天高温时，室内温度高于30℃以上，此时林蛙停止采食，因此影响林蛙的生长。此时可采取通风降温、喷水降温的方法，也可安装排风扇。防空洞气温不会太高，但时间长会有恶臭味，需加强排风措施。

⑤光照 一般室内养殖林蛙从窗口进来的散色光完全可以满足林蛙的生长发育需要。晚间林蛙也可摄食，只需适当的人工光照。一般用白炽灯作光源，平均每平方米10瓦白炽灯即可。

(2) 饲养管理

①放养密度　刚变态幼蛙 800～1 000只/米^2；5 克幼蛙 300 只/米^2；10 克育成蛙 200 只/米^2；20 克育成蛙 100～150 只/米^2；40 克成蛙 50～80 只/米^2。

②饲喂　由于环境条件，林蛙的食欲很强，如果任其采食，不仅浪费饵料，反而抑制其生长。

在饲喂时应控制食量，不能使其过饱，始终使其处于较好的食欲状态，投量控制在体重的 3%，坚持“四定”。室内养殖林蛙必须具有充足的动物性饵料即黄粉虫，但长时间饲喂单一黄粉虫，会患干瘪病。因此，在饲喂黄粉虫时一起拌入林蛙专用的添加剂，防止代谢病的发生。同时林蛙也可尝试投喂人工全价配合饲料。

③定时消毒、灭菌、驱虫　室内高密度放养林蛙，污染严重，要定期消毒。林蛙患有的寄生虫很多，每半月要驱一次虫，否则污染更严重，很容易患传染性肝炎、水肿病、红腿病等传染性疾病和林蛙线虫病。

④光照　为了加速林蛙生长速度，每天要适当增加光照时间，每天光照不应低于 12 小时，也可全天照明，是十分有利的。

(3) 室内温度、湿度控制　夏季可通风、喷水降温，使室内温度控制在 25℃左右，相对湿度控制在 80%～90%，而土层含水量在 20%左右。

6. 林蛙冬季室内、温室养殖　冬季养殖林蛙是在人工控温、控湿的环境中，消除冬眠，让林蛙照常生长的一种高密度、高产量、高效益的林蛙饲养方式。冬季室内养殖林蛙因消除冬眠，缩短了饲养周期，是一种高效的林蛙养殖新模式。但是采用这种模式养殖林蛙必须具备一定的条件和设备、资金的高投入，要有冬季取暖升温、调湿设施，要有充足的动物性饵料，还必须有可靠的技术保证及完善的日常管理措施。

(1) 冬季室内取暖养殖林蛙的措施与设备

①场所　为了节约能源，充分利用太阳能，林蛙养殖室必须

采光好，农村养殖户可用塑料薄膜温室，它具有造价低、经济、便于推广，特别适用于早春、晚秋，但冬季保温性能差，所以有条件的单位应利用保温性能好的房屋进行林蛙养殖。

②养殖方式　同前面讲的木网箱或网箱养殖，内部设置见前讲。

③上、下水系统　同室内养殖。

④加温设备　加温是冬季养殖最重要的措施，通过加热可以保持最适宜林蛙生长发育的温度、湿度。

取暖方式：锅炉取暖，采用安装暖气管道的方法。

火墙：炉火取暖。

余热取暖：发电厂余热，工业余热。

电暖气取暖。

⑤光照　为了加快林蛙生长可全天照明。

(2) 饲喂与管理

①蛙室处理　采暖前要进行温度和湿度的调试，完全合格后再放入林蛙，并对全室进行一次消毒，用石灰水喷刷或用烧碱喷洒一次。

②幼蛙放养　选择生长整齐健康无病的当年幼蛙（4～5克）放养，密度：100～200只/米^2。

③饵料的投喂　冬季室内养殖主要是用人工养殖的动物性饵料和人工全价配合饲料。

在冬天要加长光照时间。投要坚持“四定”，投喂要以量少，多次为原则，每天3～4次，投喂量要达八成饱，切忌饱喂暴食。使林蛙保持旺盛的食欲。

④环境　室温要在22℃，湿度80%～90%，要加强室内通风换气。

⑤加强疾病的预防　室内冬季养殖林蛙由于空间密封，加之密度大，湿度重，若患传染性疾病，传染速度快。因此应坚持以预防为主，及早治疗，防病于未然。做好蛙病的治疗工作。

7. 各种养殖方式的优缺点 事实上养殖林蛙的方式很多，只要能满足林蛙正常生长、发育的各项条件，每种方法都能取得好的效果。即三个方面：环境、食物、天敌及病虫害。只要具有良好的环境，充足的食物，可靠的防治病虫害措施，就一定能取得好的经济效益。但每种养殖方式都有各自的优缺点，现简述如下。

(1) 窖式养殖 选择黏土地或沙土各半的土质。土质致密透水性好即可，夏季下雨时不应积水，无渗出水，规格及结构见图(图7、图8)。

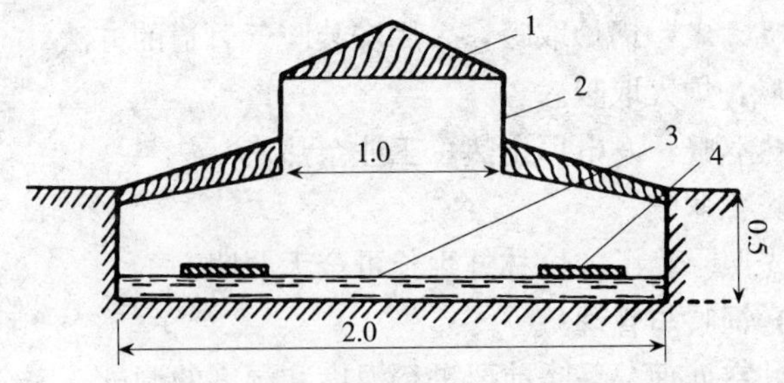

图7 窖式养殖剖面图（单位：米）

1. 遮雨棚 2. 天窗 3. 投饵区 4. 隐蔽物

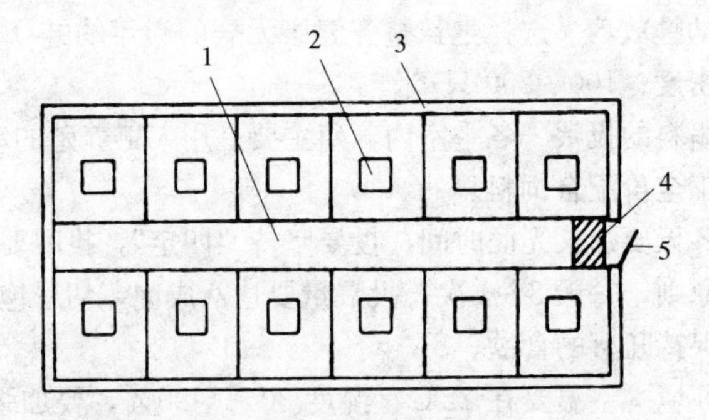

图8 窖式养殖及石棉瓦围养平面图（单位：米）

1. 人行道 2. 天窗 3. 防鼠墙 4. 消毒池 5. 门

优点：造价低，环境控制容易，实用，制作简单。

缺点：每年重复修建，易损坏，防鼠能力有限，人工饵料需求较大，不能移动，雨天需进行防雨措施。

(2) 石棉瓦围养　选择土质疏松，排水性好，湿度较大之处，要设有遮阳棚，每圈以 2 米×2 米为好，围墙要确实。此种方法适用于树下、房后、阳光直射不到的背阴处，地势平坦，排水通畅，无积水（图 8、图 9）。

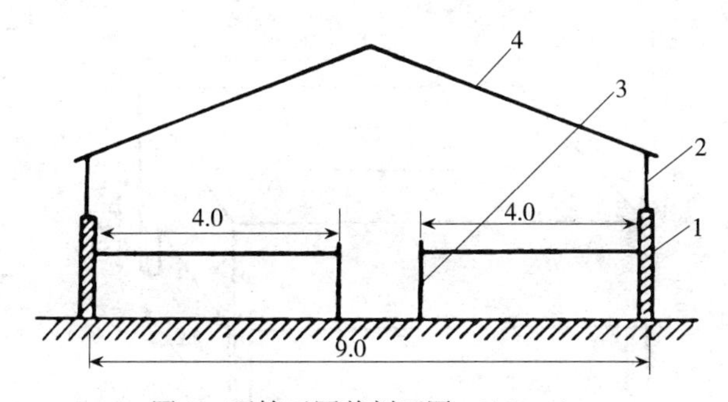

图 9　石棉瓦围养剖面图（单位：米）

1. 石棉瓦　2. 沙网　3. 围栏　4. 遮阳网或塑料薄膜

优点：造价低，制作简单，天然饵料相对充足。

缺点：湿度、温度控制不易，易损坏，每年重复修建，防天敌稍差，不能移动，需充足水源。

(3) 网箱养殖　网箱养殖可选择昆虫多，环境湿润的地方，避免阳光直射的阴凉之处，一般用尼龙、聚乙烯网综合而成，耐阳光性好，不易老化。网箱一般为长方形，管理方便，面积不宜过大，3 米×1 米×1 米，并设置箱盖（图 10）。

优点：造价低，制作简单，可以任意、随时移动。

(4) 木网箱养殖法　用木板及钢丝网制成，网眼 0.3×0.3，可设置箱盖或不设置箱盖，面积一般 2 米×1 米×0.4 米为好（图 11）。

优点：防逃性好，可移动，管理方便确实，控制容易。

(5) 水泥池式养殖　结构同塑料围养，只是改为水泥建筑，但需加防鼠网。

优点：防鼠害确实。

缺点：造价太高。

(6) 室内养殖

优点：不受外界影响，延长生长期。

缺点：成本高。

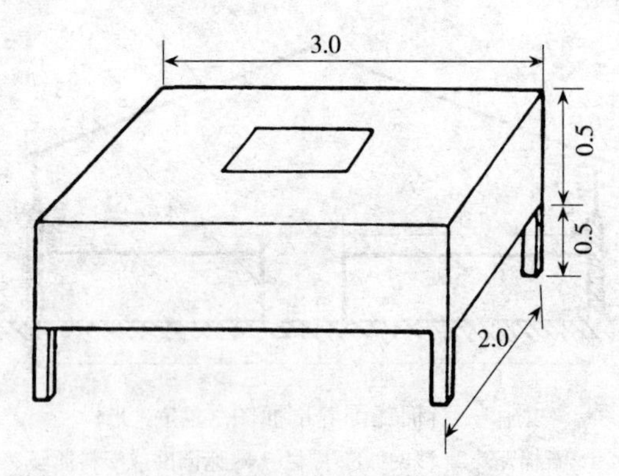

图 10　网箱养殖（单位：米）

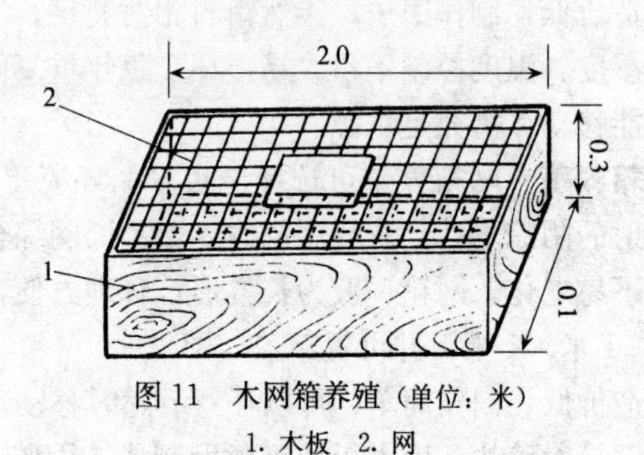

图 11　木网箱养殖（单位：米）

1. 木板　2. 网

(四) 林蛙饲养的日常管理

1. 环境控制要准确　由于封闭养蛙密度大，粪便污染严重，所以要及时处理，保持清洁。勤翻土、勤填土、勤换带叶树枝、勤消毒、勤增温。湿度：80%～90%，土壤含水量为 20%，温度不能低于18℃，也不能高于28℃。不能有积水，不能被雨淋。

2. 饲养管理方法

(1) 幼蛙的驯食 在自然条件下，蛙类主要吃活的小昆虫，因此人们都认为蛙只能吃活饵。但是，要想实现大规模集约化养殖林蛙，就应该驯化林蛙吃颗粒饲料。最佳的方法就是直接投料驯食，而不采取任何人为或昆虫促动的方法。这在大规模林蛙养殖过程中起到了十分重要的作用。

驯食方法：

①保持环境安静 驯食环境一定要安静，任何干扰都会分散幼蛙的注意力。要使幼蛙经常处于一种全神贯注的扑食状态。驯食场地不宜有灯光，因为驯食是使幼蛙饥不择食的一种手段，一旦环境中有天然饵料介入，那么幼蛙宁可挨饿也不会再吃“死”饵，只等到活饵再次到来。

②驯食期间 首先保证驯食面积要小，一般3～5米^{2}为好。其次，饲养密度要大，一般密度为300～500只/米^2。每次投喂膨化饲料要多。由于面积小，密度高，投饵多，排泄物就多，水极易污染。因此，要经常换水，保持蛙池的良好水质。同时定期用药物对全池进行消毒。还要在饲料中加入多种维生素，预防幼蛙皮肤病的发生。

(2) 中幼蛙的饲养管理 随着驯食的成功，蛙的体重增加到5～10克时即为中幼蛙。此时，林蛙食量增大，生长迅速。此时所投饵料规模与数量也要增加。每天投喂3～4次。当林蛙经过一段时间养殖后，个体会出现很大差异，有的体重会提升一倍以上。这时会出现大蛙吃小蛙的现象。以至于弱小的林蛙不敢上饵料台，而是远远躲在一边。时间一长，就会体质消瘦，最后死亡。这时要及时分池，将体积相差悬殊的林蛙分开，以提高林蛙成活率。在此期间，要经常巡池、防逃、防病，保持水质清新良好，保持环境安静。特别是驯食期间严防人为干扰，保持驯食效果。

(3) 育成蛙的饲养 通过一段时间的驯食和饲养，林蛙食量大，进入生长发育旺盛阶段。这个时期林蛙对生活条件并不十分严格，多以粗放粗养。

3. 及时分级饲养 林蛙生长速度较快，强者抢食多，弱者捕食少，容易造成生长不平衡，出现大小差异悬殊现象。一般室内饲养10～15天即可看出明显的个体差异，这时应及时剔大留小或剔小留大。

4. 勤巡池观察 每天在清扫或投放饵料时，要巡视观察。

(1)观察林蛙活动情况 正常的林蛙有动静纷纷逃离躲藏，如有蹲伏不动，活动不灵活，烂皮，红腿病蛙出现时，应及时隔离，并对所有蛙箱、蛙池进行预防消毒。

(2) 观察林蛙的摄食情况 饵料是否适口，是否全部食完，并及时调整。

(3) 观察林蛙的规格是否整齐，酌情确定分级分箱时间。

(4) 观察是否有蛇鼠等敌害钻入迹象，如林蛙体损伤。发现有鼠类应及时进行捕杀清除。

5. 积极预防疾病 定期用药物全池消毒或拌药投喂预防。

6. 加强防暑、越冬管理 在炎热夏季，当气温升高到30℃以上，林蛙生长受到抑制，要搭遮阳棚，多浇水增湿降温；冬季冬眠池要有流动水，防止池水干涸。温室养殖时要控制室温恒定，不可时高时低。

(五) 中国林蛙人工养殖的“三喜九怕、十项环境措施”

中国林蛙从自然环境中转入人工饲养，必须全面地考虑到林蛙生长发育所需的各种因素的转变，并制订相应有效的管理措施。当林蛙由自然界的自由生存环境进入人工饲养环境，这种变化给林蛙的人工饲养带来了各种各样新问题，认真解决这类新问题对人工养殖中国林蛙成败至关重要，至于采取何种养殖方式，只要适合林蛙生活习性，可以因地制宜，采取相应的养殖模式，从根本上了解林蛙的喜好，认识到环境因素对林蛙生长发育的重要影响，在对养殖环境条件的设置及日常的饲养管理过程中，要掌握林蛙的在人工养殖条件下，产生的新的行为习性。在多年的研究及生产实践中，观察出林蛙有三喜九怕的生活习性，三喜即喜阴暗、喜湿润、喜安静；所谓九怕即怕强光、怕雨淋、怕干燥、怕水浸、怕高温、怕压迫、怕污浊、怕虫害、怕异味、怕毒物。从而不论采取何种集约化养殖方式都必须因地制宜，采取相应十项重要环境措施，即遮阴、避雨、适温、保湿、通风、排水、消毒、除害、防逃、隐蔽物。

1. 遮阴 林蛙属两栖类，变温动物，其皮肤，保温、保湿功能较弱，加之其呼吸30%以上靠皮肤呼吸，因此直射阳光可使其体温快速升高，环境温度超过了23.1℃，就可使其本身的代谢加快来阻止体温的继续上长，23.1℃是其体温的一个分界点，同样直射的阳光可加速林蛙体内水分的蒸发散失，使其加快脱水，影响皮肤的呼吸功能，同时直射的阳光中紫外线可以使林蛙皮肤黏膜脱落速度加快，损伤林蛙皮肤结构，不仅影响呼吸，也降低林蛙皮肤的屏障作用，而引发多种疾病，通过实地野外观察与实验室测定，林蛙饲养圈内的郁闭度应在0.6以上，一般应保证“七阴三阳”。遮阴用稻草搭设凉棚，高度在1.5～2米，其优点是，造价低，遮阴效果好，同时有增加湿度和引虫生虫作用，缺点是每年都要维修，更换稻草，当然同时外层配合遮阳网可以达到更好的效果。

2. 避雨 林蛙在夏季完全营陆栖生活，其在潮湿的环境中，即可生存，实践中发现林蛙长时间直接被雨淋后，死亡率急剧上升，特别是在连阴雨的季节，中到大雨之后，死亡率更高，幼蛙的死亡率最高，一般情况下被雨水打翻在地后几分钟后就死亡，其原因可能有以下几个方面：一是雨中有污染，pH偏酸；二是长期雨淋后，温度急剧下降，而后又快速升高，温差变化过大造成机体的不适应；三是急雨暴雨造成林蛙应激反应而死亡。因此，人工养殖林蛙必须要有避雨措施，实际工作中避雨措施可以与遮阴与隐蔽物结合起来，根据实际情况灵活设置。

3. 适温 林蛙为变温动物，环境温度对其生长发育，生存都有极其重要的影响，温度过高过低对其生长发育都是不利的，生长环境过低（15℃以下）林蛙活动减少食量减少，生长发育减慢，温度过高，其代谢发生变化，而极易导致死亡，在湿度正常情况下，40℃4小时即可全部死亡。33℃8小时大部分处于昏迷状态，48小时内全部死亡。理论上林蛙最适宜的生长温度应在23.1±5℃，23.1℃是一个分界点。当然在一天当中温度是在不断的变化的，其中短时间的高温对其影响并不大，林蛙可以自身调节，而安全通过。在23.1℃以下的环境中，林蛙的体温高于环境温度，当环境温度在23.1℃以上时，林蛙的体温就低于这个温度，高于这个分界点，偏离得越远，对林蛙的生长发育就越不利，林蛙就通过自身的代谢来努力降低体温，短时间还可以，如果长时间处于这样一种负荷状态，就给林蛙体内代谢造成负担，体质下降易患各种疾病，发病率升高，因此在林蛙饲养过程中，温度控制是十分敏感的，测定的环境温度应以饲养环境的地面温度为准，保持适宜温度的措施，应结合遮阴、加湿、通风，加隐蔽物，因地制宜，灵活设置。

4. 保湿 保湿工作是林蛙日常工作中最重要内容，林蛙变态以后可以完全营陆栖生活，但要求地面湿度必须达到一定要求，不同时期林蛙对湿度的要求也不尽相同，变态幼蛙地表湿度控制在85%～90%，1～2月龄幼蛙湿度控制在80%～85%，3月龄以上林蛙湿度控制在70%～80%即可。加湿设备要保证及时、方便，全面对全场进行加湿处理。主要方法是塑料管上加上雾化喷头，用水泵加强水压即可达到目的，一般情况下一天加湿一次，遇到阴雨天，可以停止加湿，高温天气可以增加加湿次数，加湿时间一般选择早、晚阳光不充足之时。

5. 通风 高密度饲养林蛙，必然造成排泄物增多，使养殖场内空气污浊，气味异常，这些都不利于林蛙的正常生长发育，所以在日常管理中尽量经常使养殖场内保持空气流通，使空气新鲜，通风主要依靠合理设置通风口，围栏在允许条件下，要用网状通风的材料，只要细心设计，达到通风要求并不困难。

6. 排水 林蛙的生长发育虽然离不开水，但在高密度、集约化人工养殖条件下，积水对林蛙来说，是非常有害的，有时甚至是致命的。因为高密度养殖条件下，林蛙的排泄物在单位面积上数量比自然条件下增加无数倍，积水被严重污染，并大量滋生出各种细菌，而且林蛙在高温条件下，喜欢在水中隐藏或休息，污染的积水极易使林蛙皮肤发生损伤，而且积水常有大量致病的微生物，造成林蛙疾病的大面积暴发。所以林蛙养殖地面以沙土为好，2/3 沙子与 1/3 黏土混合，其透水性好，排水通畅，表面没有积水，又可较长时间保持一定湿度。

7. 消毒 由于集约化养殖林蛙，林蛙排泄物增多，致使环境内微生物大量繁殖，因此需要定期对环境进行消毒。消毒时，消毒液的选择非常关键，需要选择那些无异味，对林蛙皮肤无害的消毒液，常以高锰酸钾溶液，雾状喷洒效果最好。

8. 除害 主要是防鼠害、鸟害、蛇害。

9. 防逃 林蛙天性就具有逃跑的特性，特别是在环境潮湿的情况和雨后这种现象更加明显。设置防逃设施以林蛙逃不出去为标准，可以因地制宜，一般设置双层防逃措施，内层可以用塑料布，沙网，高度在 1 米左右，上端设置成八字形，四角折转处设置成弧形，以防林蛙在折角外聚集成堆。外层可以用石棉板、水泥板，高度在 1 米左右，顶端设置成 T 形，既可防止林蛙逃跑，又可防鼠，内外层之间过道距离 1 米，过道用沙土铺平即可。

10. 隐蔽物 躲藏、隐蔽是林蛙的天性，集约化养殖林蛙隐蔽物的设置十分关键，但隐蔽物不可过多、过小，主要原则是宁少勿多。过多由于林蛙密度大，稍有刺激蛙群处于一种警觉状态，就躲藏在隐蔽物下不愿出来寻食，特别是刚刚变态的幼蛙，如果1周之内不出来采食，往往造成死亡率的上升，隐蔽物最好是在场地内零星散放一些红瓦片，瓦片离地面要有一定距离，距离要随蛙龄的增大而逐渐增大，隐蔽物以外的地面，尽量保证光洁，投食后，很容易让林蛙发现食物，并在短时间内将其食掉。地面可以种植一些阔叶植物，但不可过多，零星点缀即可。

以上是在多年科研与生产实践中总结出的林蛙“三喜、九怕、十项”环境措施，林蛙从野生状态转入人工饲养后，一些客观的条件发生的显著的变化，如何减少这些变化对林蛙生长发育的不利影响，是工作与研究的目的，完全照搬野生生态环境显然是不现实的，也解决不了养殖过程中遇到的问题，这些问题，有的照搬，模拟野生状态即可，有的照搬结果却恰恰相反，还有的问题却是野生状态没有，人工养殖却又不可避免的问题，如防逃问题、积水问题、排泄物污染问题、隐蔽物问题。例如，积水问题在野生环境中对林蛙是有益而无害的，但在人工养殖条件下却是有害而无益的，结果正好相反。因此，我们认为应具体问题具体分析，解决上述提到的问题应因地制宜、因时制宜，切不可生搬硬套，只要按照上述林蛙“三喜、九怕、十项”环境措施的原则去做，就可以少走许多弯路。

（六）林蛙的冬眠方法

林蛙的冬眠方法应根据养殖者自身的场地条件，采取不同的越冬方法。目前常见的越冬方法有：山涧溪流越冬方法、水库越冬方法、江河越冬方法、人工越冬池方法、窖式越冬方法。

1. 山涧溪流越冬方法　适合林蛙越冬溪流应满足以下几个条件：第一，必须常年流水即使冬季水流也不断。第二，溪流水量要充足。第三，溪流要有平稳的深水湾。天然河道往往不能完全适合林蛙越冬，必须进行修改，修改方法如下：在山溪间每隔200～300米，人工挖掘一个深水湾面积20～30米^2，水深1.5

米以上，池底投入林蛙越冬的隐蔽物石块、沙土，也可将树枝、灌木捆扎成捆，用大石块压在池底。实践证明，几年后深水湾的数量与该山溪每年产出的商品蛙数量是成正比的，该方法关键是深水湾深度要够，进水口与出水口要成对角位置，出水口要方便于林蛙的捕捉，冬季管理主要是检查河流的水量，防止因冰冻而改变水流的流向。

2. 水库越冬方法 水库越冬是指利用人工建造的专门用来养蛙的小型水库或山区的农田水库使林蛙越冬。

林蛙专用水库越冬:林蛙专用水库越冬水库一般建在小溪或小河的一侧,距离主河道10～15米,以防止洪水的冲袭。

种蛙水库越冬:种蛙水库越冬是目前保存种蛙的最好方法,存活率高,简便易行,安全可靠。水库保存种蛙分两个阶段进行,第一个阶段为浅水贮存阶段,第二个阶段为水库越冬阶段。

浅水贮存阶段：可修建深1米、长5米、宽2米水泥池，水深保持在0.8米，保持池水流动，此种规格水池可存放种蛙8 000只左右。浅水贮存时间为9月下旬至11月中旬，约为50天，是林蛙种蛙越冬的过渡阶段，经过此阶段后林蛙才能进入水库越冬，此池也可作为商品蛙的存放池。

水库越冬阶段：种蛙进入水库时间应在11月中旬以后，水温在5℃左右，这时林蛙不仅不再出河上岸，而且水下活动也很少，仅在小范围内活动。

越冬方法有两种：一种是散放越冬法，一种是笼装越冬法。散放越冬法是将种蛙散放在水库内，库内要设置一些隐蔽物，任其自由寻找越冬场所，此种方法的成活率较高。笼装越冬法是将林蛙放在铁网笼中，并将笼子固定好，笼装越冬关键是要经常检查观察水位变化，水库应有流动水，保证水中溶氧量，防止林蛙窒息死亡。

种蛙春季出库有两种方法，一种是人工出库法，一种是自然出库法。

人工出库是将进水口封闭，排干库水，将库内林蛙一次取出。笼装林蛙出库较方便，取出笼子，用水冲净污物即可。

自然出库是林蛙自然从越冬水库中出来，人们在水库岸边设立围栏，拦阻林蛙并沿围栏挖深0.5米的竖直坑，坑底放置树叶，林蛙沿围栏跳动，即可将大部分林蛙在坑中捕捉到，这种出库方法关键是要建好防逃的围栏。

幼蛙的水库越冬与种蛙基本一致，幼蛙进入水库主要是沿河道自动进入水库，幼蛙越冬以散放、小型水库为好，面积最好30～50米^2，幼蛙一般从10月中旬开始沿小溪进入水库深水区冬眠，11月末大部分进入完毕，潜伏在水库的隐蔽物中，幼蛙在春季4月末5月初出库。

3. 农用水库越冬法 利用现有的在林蛙场附近的农用水库作为越冬场所，也是一种行之有效的林蛙越冬方式。可以散放，也可以笼放，但笼放不要将笼放置太深，一般在1.5～2米即可，太深可以造成林蛙缺氧窒息死亡，春季出库时可自然出库，围栏捕捉。

4. 江河中越冬 林蛙在江河中越冬优点很多:一是水量充足，溶氧量大,没有缺水、缺氧的威胁,但管理上有一定困难,为了便于管理,最好采用蛙笼和网箱越冬,将林蛙放于蛙笼式网箱里,放入江河的深水处越冬,成活率高,简单易行。

5. 塑料大棚越冬法 在塑料棚中，挖宽3米、长10米、深1米的土池，内铺塑料布，灌满水，设置出水口与进水口，也可采取定时换水的方法，一般每周换池中水一半即可，大棚内一般结冰在10厘米左右，采取散放的方法，春季自然出水，成活率很高（图12）。

6. 窖式越冬 窖式越冬方法即用一般的农家地窖，底部铺放枯枝落叶杂草，相对湿度在80%～90%，窖内温度控制在2～7℃即可（图13）。

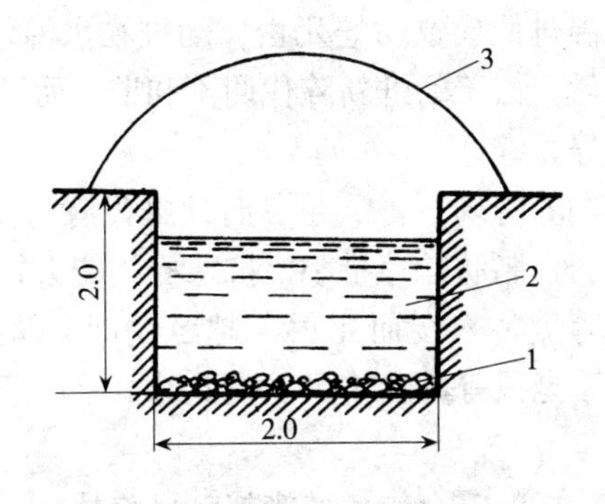

图 12　水下越冬（单位：米）

1. 砂石　2. 水　3. 塑料棚

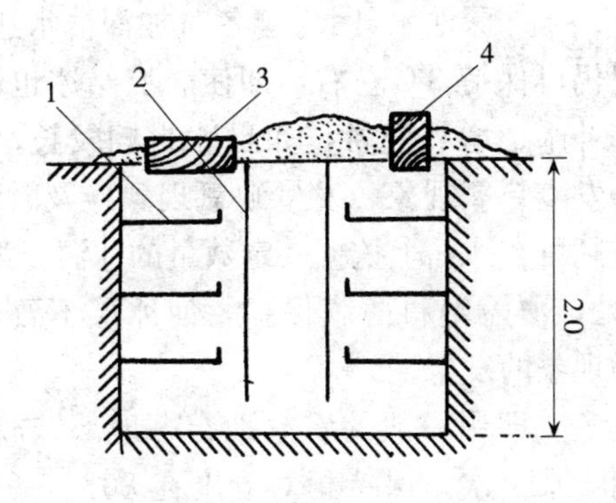

图 13　窖式越冬（单位：米）

1. 砂石　2. 水　3、4. 塑料棚

7. 越冬管理　我国北方冬季漫长，林蛙冬眠期从 10 月开始到第二年的 4 月长达半年之久，漫长的冬季给林蛙养殖带来很多困难，特别是当年生的个体小的幼蛙，常发生大批死亡的现象，故应了解林蛙越冬死亡的原因，并采取积极措施，不断提高越冬林蛙的成活率，幼蛙与成蛙的越冬管理方法基本相同，但由于幼蛙个体小，活动量又大，因此越冬期间管理不善，易引起死亡。

（1）幼蛙越冬死亡原因主要有：

①冬季水温过低导致幼蛙死亡　幼蛙在水温较低的情况下，特别是在结冰后，由于幼蛙新陈代谢不和谐，而导致生命的某一环节的失调或停止。

②越冬前饲养管理不善　越冬时幼蛙没有得到充分的营养，蛙体过小，瘦弱，脂肪贮存量小，抗寒冷的能力较弱而死亡。

③被老鼠等敌害入侵而死亡　越冬期间，幼蛙的活动能力弱，再加上冬季老鼠等其食物少，因此幼蛙就成了鼠类重要的攻击对象。

(2) 幼蛙、成蛙安全越冬的措施　目前林蛙冬季越冬主要有两种方式，一个是水下越冬，另一个是地窖越冬。

①水下越冬　为了使林蛙能顺利度过冬季,采用水下越冬的方式应注意:第一,加深池水,因为越冬时加深池水达到1米以上，这样底层水温仍可保持3℃左右，即使表层结冰也能安全越冬。第二，准备好补水、增氧设备，如果冰封期较长，冰上又有积雪，其底层易发生缺氧现象，发生缺氧现象应及时灌水、增氧，如无增氧设备则可在冰面上挖掘一定数量的冰洞。第三，可在水池上30厘米处，覆盖塑料薄膜保护，使冰层不致过厚。第四，注意池水渗漏现象的发生。

②地窖越冬　即用一般的农家地窖，地部铺放枯枝落叶杂草，窖内每周喷水一次，保持相对湿度在80%～90%，窖内温度控制在2～7℃即可。

六、林蛙疾病的防治

林蛙疾病的防治是高密度、集约化、养殖林蛙的一项非常重要的工作，一直困扰着林蛙养殖业的发展，人工养殖林蛙放养密度大，环境污染严重，饲料比较单一，都会引起林蛙疾病的发生，一旦林蛙发病，治疗起来非常麻烦，不但需要花费大量的人力、物力，而且还严重影响蛙的生长发育，降低林蛙养殖业的经济效益，因此防病工作在养蛙业中就显得特别重要，林蛙疾病防治的原则是“无病先防，有病早治，防重于治”的方针，减少或避免林蛙疾病的发生，保证林蛙养殖业的蓬勃发展。

（一）林蛙疾病的诊断

诊断的目的是尽快认识疾病的性质，以便采取及时而有效的防治措施，控制疾病，林蛙疾病种类很多，有些病例因还没有完全明了，加上林蛙病症表现较为简单，很多不同的病因引起病症在症状上难以区分，而实验室诊断较为繁杂困难等。但同所有的动物病症诊断一样，林蛙疾病的诊断也可按如下程序进行，即病因的调查与访问、临床诊断、病理学诊断、病原学诊断、血清学诊断。在具体诊断林蛙疾病时，有些病仅用1～2种方法就能做出诊断，如蝌蚪气泡病一般通过观察病蝌蚪和水质就能诊断，而细菌性败血症就必须进行实验室诊断方能准确查明是何种病原引起的。但必须注意的是：诊断依据虽是准备采用何种防治方法的指南，但有些病的准确诊断是困难的，千万不能等待诊断清楚了再采用防治措施，这将会使疾病从小变大，由轻变重，造成不应有的损失，只有边诊断边治疗才能避免更大的损失。现将林蛙诊断一般方法介绍如下：

1. 问诊 问诊的目的是了解林蛙发病及发病前饲养管理情况。例如，环境条件、病史和疾病发生经过、发病数量、危害程度、采用过的防治措施及其效果等，然后将获得的情况进行综合分析，从而对所发生的疾病做出准确诊断。例如，调查发现某林蛙养殖场，从外地购进种蛙，并立即与本场林蛙混群，而该群林蛙陆续发病。病蛙表现腹部或腿部腹面皮肤发红，则可初步认为是红腿病。

2. 临床诊断 本法主要是在发病现场对患病林蛙进行诊断，其手段主要是用眼睛直接观察。林蛙由于大多数时间是隐藏于阴凉的低温下，有代谢率低的特点，使病林蛙在患病初期不易诊断出来。随着病情发展，病蛙逐渐显露出易于被觉察的症状，如精神不振、离群、不怕惊扰、体色异常、食欲下降、拒食，这些症状是很多病例蛙都可能表现，称为一般症状。根据一般症状我们可对全群林蛙进行观察，从而对蛙病的性质及程度进行初步估计，然后对患病林蛙个体进行全面检查，力求发现一些具有诊断价值的特征性症状。

一般检查步骤是：先观察精神是否异常，其姿势、体色、皮肤光泽度，接着仔细检查病蛙的头部、吻端、口腔、眼睛、背部、胸腹部和四肢皮肤的完整性及颜色，胸腹部的隆起度，肛门是否脱出，体表有无寄生物。例如，林蛙表现东爬西窜，极度不安，则可能是胃肠炎的表现。再如，林蛙在用手刺激时缩头弓背，呈兴奋状，向一侧运动，则可能是旋转病。头顶部有圆形或长条形白色病变可能是白点病。腹部异常膨大，叩击时有水样，多见于水肿病。某一肢或四肢红肿与其他肢形成鲜明对照，可能为肿腿病。眼睛变为灰白色，视力消退，失明，皮膨胀，有溃烂可能为腐皮病。蛙体有肥胖感，体色逐渐变浅，多为传染性肝病。

总之，根据林蛙症状的种种表现，尤其是上述疾病的特殊表现，基本可以做出诊断。但若准确诊断还必须配合病理解剖或经过切片、水质、饲料分析及病原学、血清学方法做进一步检查。

3. 病蛙的剖检 对患病林蛙解剖对确诊多种疾病有重要的作用，特别是对外伤、消化道疾病、肿瘤有重要意义，许多传染病从内脏器官的变化上辨认出来。

解剖病蛙要及早进行，对于死亡较久或发生腐败的林蛙，病变组织已经发生变化，难以反映真实情况，最好剖检临死林蛙或刚死林蛙，对疑似传染性蛙病，为防止其继续流行，应及早处死，症状明显的病蛙要尽早诊断。

解剖病蛙，首先是沿腹中线，剪开皮肤，蛙皮肤与肌肉容易分开，先观察肌肉是否出血，淋巴间隙是否有沉淀，观察肌肉是否被胆汁黄染，然后沿肛门向前剪开肌肉直至胸骨处，再从胸骨右侧剪开胸腔，使内脏器官充分暴露，逐个检查各器官系统的病变，很多疾病的病变是有价值的。例如，传染性肝病，胃肠道多数有较多黏液，肝脏出血或肿大坏死。肿腿病的病蛙其患肢肌肉严重出血或溃烂。如要检查胃肠道寄生虫，可将胃和肠道剪下，放在一玻璃皿或大容器中，小皿内盛上清水，并将此小皿放在黑纸上，将胃肠道用小剪剪开，消化道的寄生虫会逃出到清水中，易于检查。

4. 实验室诊断 实验室诊断是最终确定林蛙疾病的主要手段。实验室诊断方法很多，主要是在临床诊断及剖检基础上，对所怀疑的疾病进行最后确诊。例如，怀疑是细菌引起的，应将林蛙的肝脏、心肝、肾脏、脾脏、血液等组织进行涂片、染色、镜检，检查出细菌的种类。送检的林蛙应是临床症状明显还未死亡的林蛙，因为林蛙死亡之后其体表、消化道极易被细菌污染，因此必须保证送检材料的可靠性。如果检查出细菌，则多数情况下可确定为病原菌；再经过抗生素的治疗，达到预期效果，则可确认是细菌性疾病。如果要进一步鉴定细菌的种类，是何种病原菌，则必须进行细菌的分离培养，并进行毒力试验，以确定其致病性，然后进行形态和生理、生化实验以鉴定其生物学特性，并确认其分类地位，如需进行快速诊断或血清型鉴定则利用各种血清学反应。如抗生素治疗无效，则应怀疑是病毒引起的，则应将除过菌的含病毒被检材料接种健康林蛙，如被接种的林蛙表现出类似自然病例的症状，则可初步确定为病毒病，然后进行电镜观察，是否发现病毒颗粒，再进行血清学试验和病毒形态学及各种生物学检查，以确定病毒的种类。如果想检查病变的程度和性质，则可将被检材料用福尔马林固定，再经过石蜡包埋切片，染色后用显微镜观察，然后作出判断。如怀疑是营养代谢病或水体问题，则应将饵料和水质进行营养成分或毒物分析，以确认是否为营养缺乏或过剩或中毒性疾病。

（二）林蛙疾病的预防

1. 林蛙场的建设必须符合防病要求　林蛙场的水源要无污染，有害的被污染的水会损害林蛙的健康，水体传染疾病很快。因此，水源一定清洁无污染，进出水要分开，不能饮用。

2. 控制和消灭病原体

（1）定期消毒　一般在每年的春季或秋季对土池、网箱及其他养殖设备进行一次彻底的消毒。

常用的消毒药物有：生石灰：用法，对水溶解成石灰乳后进行喷洒。漂白粉：溶水后喷洒，1周后药物失效。

（2）蝌蚪和幼蛙消毒　每隔一定时期对蛙体进行消毒，消毒前应认真做好病原体检查，蛙体消毒一般用浸泡法或喷洒法，常用药物有漂白粉、硫酸铜、磺胺嘧啶、高锰酸钾、庆大霉素、四环素、土霉素。消毒时间长短，还应根据当时温度、湿度、水温及蝌蚪幼蛙承受能力灵活掌握。

（3）饵料消毒　用于饲养林蛙的饲料要保持清洁，特别是饵料盘应经常清洗消毒。例如，在饵料中拌入土霉素（0.01%～0.05%），定期拌入可预防林蛙红腿病、胃肠炎。在饵料上喷洒维生素A、维生素E，定期喂幼蛙可以预防腐皮病的发生。

3. 正确的环境设置 林蛙养殖的环境设置是高密度、集约化养殖中一项最重要工作之一。环境设置是否恰当合理，能否给林蛙营造一个适合其生长发育的优良环境，是关系到饲料能否有效的利用，也关系到林蛙成活率的提高，及关系到生长速度是否整齐，从而保证林蛙养殖业的顺利发展。

（1）防逃措施 以林蛙逃不出去为标准，一般设置双层防逃措施，内层以塑料布、沙网等光滑物防止林蛙逃出，外层用石棉板、水泥板，既防逃又防鼠，中间过道铺平砂土。

（2）防鼠措施 主要以防鼠墙、防鼠沟，电猫、药饵组成综合防鼠措施。

（3）池内地面设置 地面设置以沙土为好（2/3沙子、1/3黏土），须透水性好，排水通畅，又可较长时间保持一定湿度，不需要种植任何植物，地面有明水存在。

（4）遮阴避雨设置 遮阴与避雨应相结合进行，常用塑料、遮阳网、石棉瓦、草棚组成，林蛙不需直射阳光，散射光完全可以满足其要求，雨季应防止林蛙久被雨淋。

（5）隐蔽物的设置 池内要放置一定数量的隐藏物，主要是各类阔叶树，最好是带枝的树叶，以柞树为好，成垄放置，不要全面铺，也可放一些石堆、瓦片，一定要有规律放置。

（6）环境温度 夏季主要是防暑，地面温度不要超过25℃，超过时要及时遮阴、喷水、通风降温，最好的温度控制在18～20℃，10月中旬以后要注意防寒，防止产生冻害，要及时把林蛙放入越冬池。

（7）环境湿度（主要以地面为主） 不同时期林蛙湿度要求不同，变态幼蛙对湿度的要求最大，以后逐渐降低，变态幼蛙湿度控制在85％～90％，1～2月龄幼蛙湿度控制在80％～85％，3月以上蛙湿度控制在70％～80％即可。

（8）供水加湿设施 加湿设备要保证及时、方便，全面对全场进行加湿处理。主要方法是塑料管等加上雾化喷头、水泵等。

4. 提高林蛙的抗病力 增强林蛙的体质，提高林蛙的抗病力的措施主要是加强蝌蚪的饲养管理，保证变态幼蛙的质量；保证饲料的质量，防止食物单一；添加各种微量元素、维生素、抗菌素；合理的密度饲养，加强日常管理；细心操作防止蝌蚪、蛙体受伤。

5. 林蛙疾病的预防措施

(1) 一般的日常预防措施

①林蛙场大门口要设消毒池（主要以生石灰消毒）。

②养殖室门口要设消毒池（生石灰），服装要用84消毒液消毒。

③林蛙池、网内要用碘伏消毒，每两天一次（溶于加湿水）。7、8月雨季在加湿水中加链霉素预防。

④日常饲料中按时添加预防药物。

⑤雨季防雨，防止林蛙久被雨淋。

⑥地面透水要好，没有积水出现。

(2) 种蛙消毒 产卵前种蛙用3%盐水浸泡30分钟，产卵池水要洁净，必要时用0.05%的高锰酸钾消毒。产卵后要及时送至生殖休眠区，进行生殖休眠。

(3) 蛙卵的消毒 用清水清洗，然后用0.05%的高锰酸钾浸泡一下即可，有条件的地方可在卵化之前用驱虫剂冲洗蛙卵表面，预防寄生虫的传播。

(4) 蝌蚪期疾病的预防

①环境预防 池水保持清洁，池底没有残留的腐败物，池底最好铺一层河沙，投饵要设饵料盒，防止残饵扩散，池水中要放置一些水藻类，使水面保持清绿色。

②饵料预防 可用颗粒饲料，即蝌蚪专用饵料，蝌饵一号，蝌饵二号（含有预防药物）。

(5) 变态幼蛙的疾病预防

环境预防：池内隐蔽物面积要大，前 10 天地面湿度要达到 85%～90%，开食不要过早，2～3 龄黄粉虫开食，有条件的地方最好用洋虫的幼虫做开食饵料，并在饵料中添加“添加剂（Ⅰ）”。地面每两天用碘伏消毒一次。加强防雨措施，10 天后开始降湿、通风，地面湿度以 70%～80%为好。

投饵料时间：上午 8～9 时投饵一次，下午 4 时投饵一次，数量以 2 小时吃完为准。

(6) 1.5～2 月龄幼蛙疾病的预防

①环境预防措施　林蛙长到 1.5～2 月龄的时间为 7 月下旬至 8 月上旬，多雨湿度高，主要特点是高温、高湿，此间最易发生旋转病，主要预防措施是防雨、降温、池内湿度要降低，地面每天要用碘伏消毒，隐蔽物面积减少，病蛙及时隔离，地面不要有积水，保持良好的通风环境。

②饵料　饵料中拌加“添加剂（Ⅱ）”预防本病，同时投饵时要少投多次，残饵一定要及时清理。

(7) 2～2.5 月龄幼蛙疾病的预防　此时为 8 月上旬至 8 月末，为红腿病的高发季节，要特别注意。地面湿度要低，主要原则是宁干勿湿。及时清除粪便，有时需用碘伏消毒一次，地面要清洁干爽，两天撒一次新化土，同时，要注意胃肠炎、干瘪病，也在此时流行，需在饵料中拌入相应添加剂预防。

(8) 3 月龄幼蛙的疾病预防　进入 9 月份，幼林蛙采食进入旺盛期，也是胃肠炎的高发期，除遵守前述预防措施外，应在饵料中添加助消化性的药物。同时，也应注意红腿病的发生。

(9) 冬眠期林蛙疾病的预防

①越冬池冬眠　主要预防水霉病，方法是常换水，水池越冬前要彻底消毒。水底要放置河沙，卵石，水温要在 2～7℃即可，水底保持清澈、透明。

②窖式冬眠　主要预防红腿病、烂皮病，环境消毒要彻底，加湿时内加环境消毒药，温度 2～5℃，湿度 70%～80%。

(10) 二龄蛙疾病的预防措施 二龄蛙生长速度极快，除可患上述幼蛙所患疾病外，主要还有腐皮病、传染性肝炎、肺丝虫病。环境中隐蔽物要充足，湿度不宜大，地面严禁有积水，地面每日要撒新土，要加大环境消毒力度，每日1次，饵料中各种添加剂应每日及时应用，饵料量要足，以量少次多为原则。

（三）林蛙疾病的综合性防治措施

林蛙疾病多种多样，病因也错综复杂，因此治疗的方法也很多，总体归纳起来可分为两大类：一种是平时预防措施，主要是加强饲养管理，改善生态环境，经常预防消毒；另一种是发病时及时治疗、及时控制传染来源、消除病因、合理进行药物治疗。这两类方法统称综合性防治措施。实践证明，仅依靠某一单独的措施是不能完全控制林蛙疾病的，综合性防治措施，主要内容如下：

1. 加强饲养管理，增强蛙体抗病力

(1) 合理放养 土池、网箱内放养密度应适当，林蛙规格应一致，密度过小或过大会使单位面积产量减少，或林蛙抗病力下降。

(2) 保证林蛙的摄食量和饵料质量 实践证明，饵料的质量和投饵方法是增强林蛙体质和抗病力的重要措施。为此应坚持“四定投饵”。

定质：饵料应营养全面、新鲜、适口性好，不含病原体及有害物质。

定量：根据季节、林蛙体格大小及数量，投喂足够的饵料，切忌过多过少，饵料盘及时清洗防止污染。

定位：不论何种养殖方式都要设置饵料盘，或固定投饵区，便于林蛙养成到固定地点摄食习性，以利于及时掌握林蛙摄食量的变化，观察林蛙的活动，消除残饵，施入药物。

定时：定时投饵可随季节气候的变化适当调整。

(3) **加强日常管理** 坚持每天查看，及时清除污物及敌害，随时清洗饵料盘，清除残余饵料，夏季要防暑降温，搭设遮阳棚，冬季防寒防冻。人工控温应注意温度、湿度变化，白天与黑夜的温差不能过大。捕捉林蛙时严防蛙体受伤。

2. 改善生态环境

(1) 土池、网箱要符合要求，要满足 80%～90%空气湿度及土层 20%含水量，温度要控制在 20～25℃，箱池内的隐蔽物要设置合理，水质要清洁无污染，及时翻新底部的腐殖土以加速粪便消化，每天注意增湿。

(2) 对已经用过的网箱土池，定期消毒处理，最好是清洗后(用石灰水)，阳光曝晒。

(3) **严格检疫** 检疫是防止疾病传入的重要措施。蝌蚪或林蛙从外地引进应采用多种方法进行诊断，目前主要方法是肉眼检查，对欲购入林蛙及其所在群体进行健康检验，如发现这些或其中部分林蛙在体色、体表完整性、摄食、活动、精神状态等方面有异常表现或明显病态，应严禁引入，如万一引入也应单独隔离，给以治疗，切勿立即混群，以免造成更大损失。

3. 药物治疗 林蛙疾病的药物防治目前主要是采用一些有抗病原体作用的药物来进行预防治疗。在未发病时应有计划地应用药物来抑制和杀灭正常林蛙体及其所接触的环境、用具、饵料上的病原体，以防止疾病的发生。这属于预防用药。而在发病时以治疗病蛙为目的药属于治疗用药。无论何种用药都必须注重药物的种类，给药途径和剂量，才能达到预期目的。

(1) 药物预防

①林蛙体消毒 林蛙体消毒多在下述情况下进行，发病季节每隔 15～20 天定期对全部林蛙或蝌蚪用药。林蛙用药主要是用喷洒用药在当天加湿时用喷雾器对土池、网箱等进行全面喷洒，蝌蚪用药方法是全池喷洒或集中浸泡。

②饵料消毒 对于蝇蛆可用浸泡法，对于黄粉虫消毒用喷雾

法。

③水体消毒　日常加湿用水一般用1%食盐水即可，蝌蚪池使用前要消毒，在放养过程中应该定期更换池水。

④土壤消毒　加湿用水中加消毒药物。

⑤在发病季节前及发病季节，在饵料中添加抗菌药物投喂，每隔15～20天一次，每次连续2～3天，有较好的效果。因为在集约化养殖林蛙时，群体中总免不了会有个别病蛙出现，而这种用药预防可将这些少量病原体杀死，防止疾病流行。常用的经饵料进入体内的药物有土霉素、磺胺类等药物。

(2) 药物治疗　对林蛙疾病进行药物治疗的给药方法主要有体外用药法（药浴法、遍洒法、涂抹法）、口服法和注射法。

①体外用药法　主要是将药物以各种方法与林蛙或蝌蚪的体表接触，通过皮肤进入体内达到治疗目的，对于体表疾病和体外寄生虫效果尤好。

药浴法：将需要治疗的林蛙用较高浓度的药物作短期浸泡以迅速杀灭病原体，但药物应不使动物发生中毒为标准。

喷洒法：将药物溶解在水中，在喷水增湿时将药液喷于林蛙体外。本法优点是方便快速。

涂抹法：将药物直接涂抹在林蛙体表，常用于体表溃烂时进行局部治疗。

②口服法　将药物加入林蛙或蝌蚪爱吃的饵料中，使药物随饵料进入体内，此法方便，适用于大群林蛙疾病的预防和治疗。

③注射法　采用腹腔注射或皮下注射时，药量准确以及吸收快，用量小，疗效好，但麻烦，对蝌蚪无实用价值。严重患病的种蛙可以应用。

(3) 林蛙及蝌蚪的常用药物

①外用药　漂白粉、生石灰、高锰酸钾、硫酸铜、硫酸亚铁等。

②内服药　链霉素、红霉素、四环素、土霉素、磺胺嘧啶

(SD)、磺胺脒等。

(四) 林蛙常见病的防治

1. 中国林蛙卵的主要病害及防治

(1) 霉菌病　是危害林蛙卵的主要病害。

①病因　外界温度下降，水温不足，阳光缺少，池水不洁，蛙卵密度过大，使霉菌大量繁殖所致。

②症状　林蛙卵团四周出现灰白色菌丝，严重影响蛙卵的孵化与存活，孵化率严重下降。

③防治方法　保持产卵池、孵化池清洁卫生，防止霉菌污染，污染的水体用生石灰、高锰酸钾消毒。蛙卵的运输过程尽量缩短，在收集保存时密度要小。在孵化时，特别是在初期，光照要足。如遇阴雨天，放入水盆等，在室内用白炽灯照射孵化。

(2) 沉水卵

①病因　沉于水底卵，阳光照射不足,致使卵化率下降。

②症状　林蛙卵沉降于水底。表面布满灰尘及杂质，使蛙卵沉于水底。严重影响卵的孵化率。

③防治方法　保持孵化池清洁，盖上塑料布防止灰尘落入池中。已经沉水孵放在杂草团上，使其浮于水面，提高其孵化率。

2. 中国林蛙蝌蚪期常见疾病的防治

(1) 车轮虫病

①病因　为原生动物门纤毛纲的单细胞动物车轮虫，它寄生在蝌蚪体表和鳃上，以纤毛摆动在蝌蚪体表滑行，以胞口吃蝌蚪组织细胞和血细胞。

②症状　患病蝌蚪食欲减退，呼吸困难，动作迟缓而离群，常常造成大量死亡。

③防治方法　减少蝌蚪养殖密度，加强营养，预防发病。发病初期，每立方米水使用硫酸铜 0.5 克和硫酸亚铁 0.2 克，全池泼洒。

(2) 出血病

①病因　由多种细菌和真菌感染所致。

②症状　已长出后腿的蝌蚪，腹部及尾部有出血斑块，故又称红斑病，蝌蚪在水中打转一段时间后沉入水底死亡。

③防治方法　定期消毒水体、保持饵料卫生，及时清除残饵。将蝌蚪高度集中在网箱内，按每万尾蝌蚪用50万单位青霉素和50万单位链霉素浸泡半小时，疗效显著。

(3) 气泡病

①病因　是由于池水过肥或水质不洁，水内溶氧过多，高温时产生气泡较多，被蝌蚪吞食，造成本病。

②症状　患此病的蝌蚪肠内充气，致使身体膨胀，仰游于水面，严重时死亡。

③防治方法　及时更换池水，降低池水温。将发病蝌蚪捞至清水中禁食1～2天即可。

(4) 弯体病

①病因　水体中富含重金属盐类，为害蝌蚪神经与肌肉。或缺钙和维生素等营养物质导致神经肌肉活动异常，产生S形弯体病。

②症状　蝌蚪身体出现S形弯曲，僵硬病态。

③防治方法　经常换水改善水质，消除重金属盐类。补充富含钙和维生素的饵料。

(5) 变态幼蛙期常见疾病的防治

1）溺死症

①病因　由于变态后幼蛙体质过弱或变态池周围设置不合理，使变态后幼蛙不能及时上岸，在水中挣扎，最后因体力消耗过大而淹死在水中。

②症状　在变态池的水底有大量死亡幼蛙，蛙体变白，四肢伸展僵硬，腹部朝上，刚刚溺死的一般漂在水面上，死亡时间稍长便沉入水底，常常被未变态的蝌蚪吃掉，因此需注意观察。

③防治方法　蝌蚪期加强饲养管理，使变态后的幼蛙体质强壮，及时上岸。在变态池的四周及中央放置一些树叶、杂草，供变态幼蛙攀扶而能及时用肺呼吸。变态池设计时，四周坡度应由水中缓慢过度到岸边。减少池水深度，池水深不超过蛙体长的1/2。

2）饿死症

①病因　由于变态幼蛙上岸后在2周之内不能及时吃到食物而逐渐饥饿致死。引起幼蛙饥饿的原因有：变态幼蛙过于弱小，不能食入投喂的昆虫；饲养池内隐蔽物太多，加上外界环境不安静，使变态幼蛙长期处在躲藏隐蔽状态，不能及时吃到食物。

②症状　在隐蔽物下发现大量死蛙，蛙体尾部吸收良好，头大，腹部干瘪，四肢瘦弱，伏地而死。

③防治方法　蝌蚪期加强饲养管理，培育出体质健壮的变态幼蛙。及时投喂大小合适的饵料昆虫。地面设置的隐蔽物数量不要过多，要让幼蛙能够及时发现饵料昆虫，并采食。保证环境的安静，避免幼蛙经常处于警觉状态而不出来采食。

3）淋死症

①病因　变态幼蛙上岸后不久，被大雨浇淋后而成批死亡。主要原因是变态幼蛙体温调节能力差，在短时间内体温剧烈改变在5℃以上时，幼蛙往往不能适应应激而死亡。

②症状　中到大雨后变态幼蛙大量死亡，一般腹部朝上，其他未见异常。

③防治方法　设置避雨措施，防止幼蛙直接被大雨浇淋。

3. 压死症

病因：由于养殖设施设计不合理，有死角或折角的地方，幼蛙在这些地方不断聚集，最后底部的幼蛙被压迫窒息而死。

症状：在折角、死角等处，堆积大量幼蛙，底部幼蛙死亡而上部幼蛙未见异常。

防治方法：消除养殖设施的死角、折角，将之设计成圆弧形。

4. 成蛙期常见疾病的防治

(1) 旋转病

病因：病因是感染了脓毒性黄杆菌所致，此病多发生在高温季节，高温水体是其最主要的传染介质，此病传染性强，发病迅速，死亡率高，可导致林蛙场毁灭性损失。

症状：精神沉郁，活动迟缓，食量减少，幼蛙受到刺激时，向一侧旋转跳动，出现神经性症状，蛙体越大，病程越长。病蛙在出现上述症状后，3～5 天内死亡。

剖检变化：可见肝脏颜色加深，有时发黑，脾脏缩小，脊椎两侧有出血点和出血斑。

防治方法：

预防：①环境用碘伏，全场消毒，连续 5～7 天。②加强遮阴。

治疗：每千克黄粉虫拌入 25 克旋转灵，在高温季节进行防治。注意：青霉素、链霉素对本病无效。

(2) 红腿病 红腿病是对林蛙危害最严重的一种疾病，主要发生在养殖密度大，环境不卫生，使病菌侵入体内引起，具有发病急、传染快，病程 1 周左右，可引起大量死亡，发病季节长，四季均可发生，但气温在 25～30℃最为严重。精神不振、低头伏地、不食。

病因：多数是由假单孢杆菌引起，常因环境不洁，密度过大，蛙体外伤等引起。

症状：后肢内侧腹下皮肤有出血点、斑，弥漫形成红色部分，蛙指(趾)端发生溃烂，腹部腿部肌肉有条状或点状出血斑。

剖检变化：脾肿大，肝、肾有时有出血点或出血斑。

防治方法：①林蛙池、网内的设置要合理，卫生。②环境要定期进行消毒。③定期在饵料中拌加预防药物。④病林蛙集中一起用红霉素、庆大霉素淋浴，每日 1 次。⑤每千克饵料拌加红腿消 30 克，每日两次。

注意：常规药物青霉素、磺胺嘧啶、高锰酸钾、漂白粉对此病无效。

(3) 传染性肝炎 此病主要发生在高温雨季，高温、高湿条件下，环境卫生是重要诱因。

病因：病因不明，由细菌感染引起。

症状：此病林蛙无明显外部症状，主要表现在外观蛙体颜色变浅，土黄色。有时腹胀，后肢根部水肿，有时病蛙张口打嗝，恶心反胃，呈痛苦状，口腔时有带血丝黏液吐出，常伴有舌头从口腔中吐出现象。

剖检变化：剖开腹壁后，腹水外溢，肝脏浅黄或灰白色，胆囊肿大，心室充血，胃及小肠充满脂肪色物质。肾脏充血肿大，脂肪体增大，黑色素细胞减少，黄色素细胞增加。

防治方法：①饵料营养要全面，及时添加林蛙用添加剂，投喂时不可过饱，八成即可。②环境经常消毒，保持清洁，凉爽，洒一层新腐殖土。③病蛙要及时隔离。④饵料中添加青霉素、链霉素，每千克饵料加青霉素 360 万单位，链霉素 0.4 克或“蛙肝宁”30 克。

(4) 肺丝虫病 此病可发生在任何年龄的林蛙中，虫卵可能由蛙卵带入，经粪便污染环境从而造成传播。

病因：肺丝虫。

症状：外观症状不明显，食欲下降，活动减少，两侧肺囊破坏后，病蛙即死亡，从粪便中可检查到虫体。

剖检变化：在肺囊内可查到虫体，严重时虫体钻破肺囊到腹腔内，有时在胃肠道内也可检查到虫体。

防治方法：①每隔 15 天在饵料中添加驱虫剂。②环境地面每隔一月喷撒一次灭虫药。③地面经常填加新土。

(5) 腐皮病 多发生在饵料单一的林蛙场中。

病因：主要是饲料单一，缺乏维生素 A 所致，皮肤破溃后又感染细菌所引起。

症状：林蛙患病表现头皮溃烂，呈灰色，表皮脱落、腐烂，脚面溃烂，关节肿大、发炎，皮下、腹下充水，取食减少，重则不动不食，喜潜阴暗，有时伴有烂眼症状。

剖检变化：腹腔积水，肝脏、肾脏有病变，但不十分明显。

防治方法：①注意环境卫生，保持池内清洁。②饵料多样化，平时饵料中添加蛙用饲料添加剂。③饵料中添加适量猪肝汁。④每千克饵料中加维生素A、维生素D、维生素B_6各200毫克。

(6) 胃肠炎 本病多发生于夏季至秋季，传染率高，死亡率较高。主要危害未完全变态或变态不久的幼蛙。

病因：林蛙食入腐烂变质食物或感染细菌所致，或变态幼蛙开食过早也可能引起本病。

症状：林蛙病初，东窜西爬，喜欢钻入泥土中，后期林蛙瘫软无力，无力跳动，不食不动，反应迟缓，捕捉很少，挣扎往往缩头弓背，伸腿闭眼，以夏、秋之交发病最多。

剖检变化：主要是胃肠道有充血、发炎现象。

防治方法：①蝌蚪变态后，不能过早开食，投饵尽量新鲜卫生。②注意日常饵料要清洁卫生，经常清除残留饵料。③每周池内要进行全面消毒。④在饵料中拌加青霉素、链霉素、酵母粉、磺胺类药。

(7) 抽搐症 主要发生在变态后2～3个月龄幼蛙中，蛙体整体感觉消瘦，成蛙有零星发生，不具有传染性。

病因：可能饲料单一，缺乏维生素、微量元素，特别是缺少光照，环境过于潮湿。

症状：身体消瘦、表面正常，受到惊吓刺激后，全身及四肢发生强直抽搐，安静后有些蛙可恢复常态，但有些可抽搐致死，病蛙关节肿大，骨骼变形，皮肤粗糙。

剖检变化：关节肿大，骨骼变形，其他不明显。

防治方法：①饵料中要添加林蛙用添加剂。②环境湿度要适当。③遮阴要恰当，要有一定的太阳光照。

(8) 干瘪病

病因：在人工饲养条件下，由于密度过高，饵料不足，体弱的林蛙难以摄食，长期营养不良所致。

症状：患病林蛙头大，个小，消瘦的腰皮贴近背部，呈皮包骨状，这种林蛙常离群独处，很少或根本不食，如不及时治疗，精心管理，很快死亡。

剖检变化：身体极度消瘦，胃肠道内无内容物。

防治方法：①提供充足的饵料。②饲养池面积尽量小。③大、小蛙分级饲养。④对病蛙分隔后，单独供给鲜活的饵料。

（五）林蛙敌害的防治

1. 鼠类 鼠类在池边挖洞咬破围网，咬食林蛙和蝌蚪，对养殖林蛙危害较大，应勤检查，发现鼠类及时追杀、诱杀、捕杀。常用方法：

挖防鼠沟：在池周围挖深40厘米，宽400厘米的沟，灌水。

设置电猫：电击。

放置药饵：毒杀。

隔离墙：隔离。

2. 鸟类 主要驱赶。

3. 蛇 蛇是林蛙天敌，任何一种蛇都可捕食林蛙，发现后及时捕捉、清除。

（六）林蛙疾病防治常用药品的用法及用量

林蛙日常疾病防治用药在总体方面分成外用消毒药与内服药两大类，现述如下：

1. 外用消毒药 这类药物主要是一些氧化剂（高锰酸钾、硫酸亚铁）、碱类（生石灰）、氯制剂（漂白粉、优氯净、强氯精）等药物，它们对于病原体和机体的组织细胞都有损伤，所以，不能让它们进入林蛙体内，其只能用于体表及环境的消毒与灭菌来达到消灭病原微生物的目的。

（1）石灰 本品为灰白色，块状，在空气中易吸收水分，而逐渐变成粉状熟石灰，再吸收空气中二氧化碳变成无效的碳酸钙，生石灰在水中与水结合，成碱性较强的氢氧化钙，对水体中的细菌、寄生虫、水生昆虫等具有杀灭作用。常用水蝌蚪池、林蛙饲养场地的消毒，清池，用后1周可以投放蝌蚪或林蛙。

（2）高锰酸钾 本品为深紫色结晶，无味，易溶于水，为强氧化剂，遇强光易分解氧化而失效，对林蛙及其蝌蚪寄生虫有杀死作用，高浓度也能杀菌与抑菌，常用其对林蛙或蝌蚪进行短时药浴。

（3）漂白粉 本品为灰白色粉末，有氯臭味，微溶于水，呈浑浊状，本品中含有25%左右的有效氯，在水中能生成有杀菌能力的次氯酸和次氯酸根离子，对细菌、病毒、真菌均有杀灭作用，漂白粉稳定性差，受潮、日光均可使其迅速分解失效，可用于水体消毒。

（4）硫酸铜与硫酸亚铁合剂（5∶2） 这两种药物配合使用，对细菌、真菌性皮肤病、蝌蚪的车轮虫病的效果非常好，刚从外地引进的蝌蚪、林蛙可以用此液消毒，两者混合比例为5∶2。

2. 内服药物 这类药物主要包括抗生素、磺胺类药物，这些药物既能杀菌也能抑菌，对林蛙及蝌蚪本身并无毒害，因而可以内服也可以外用。

（1）链霉素 本品为白色干燥粉末，性质稳定，30℃以下保存2年有效，主要对革兰氏阴性菌有抑制和杀灭作用，对革兰氏阳性菌效果不如青霉素，所以常与青霉素合用，浸泡药浴病蛙与蝌蚪。

（2）红霉素 本品为白色或乳白色，结晶粉末，无臭、味苦，在酸性溶液中易失效，对革兰氏阳性菌效力强，在革兰氏阴性菌中不动杆菌高度敏感，故常用于林蛙红腿病，内服、注射、浸泡都可以。

(3) 磺胺脒 本品为白色结晶状粉末，无臭、味苦，遇日光渐变色，微溶于水，吸收少，内浓度高，适用于林蛙的胃肠类，伴药内服。

以上各药常用剂量及用法见表2。

表2 常用药物剂量及用法

药 名	作 用	用 法	用 量
生石灰	池水消毒	化成乳浊液泼洒	20.5毫克/升
漂白粉	池水消毒（细菌、寄生虫）	泼洒	1毫克/升
高锰酸钾	体表消毒（细菌）	短时药浴	10～20毫克/升
硫酸铜与硫酸亚铁合剂（5∶2）	池水消毒（寄生虫、细菌、真菌）	泼洒	0.7毫克/升
食盐	杀菌、杀寄生虫	短时药浴	1%～3%
青霉素	抑菌、杀菌	浸泡	2万单位/千克水
土霉素	抑菌、杀菌	拌药	0.3%
磺胺脒	杀菌	拌药	0.05%
氟哌酸	杀菌	拌药	0.3%

七、中国林蛙人工饵料的生产

饵料问题一直是长期阻碍林蛙养殖向集约化、规模化发展的一个最重要的问题之一。近几年，由于饵料昆虫的饲养取得突破性进展，因而其极大地促进了林蛙人工养殖的发展。林蛙可以食入的昆虫种类很多，但适合于人工养殖，而成为林蛙饵料的并不多，林蛙饵料昆虫必须满足以下条件：林蛙喜食，易于管理，规模化生产，繁殖率高，饲养成本低。经过几年的实践表明：黄粉虫、九龙虫、蝇蛆、蚯蚓符合上述几个条件，因此成为林蛙的主要饵料昆虫。

在这里主要讲述了黄粉虫的生活习性、养殖方法、疾病防治。

（一）黄粉虫的饲养与管理

1. 生物学特性　黄粉虫俗称面包虫、大黄粉虫，属于节肢动物门、昆虫纲、鞘翅目，拟步甲虫科，粉甲虫属，原产于美洲，现今全国各地都有分布，是一种重要的仓库昆虫。由于黄粉虫是变温动物，因而其生长活动、生命周期与外界温度、湿度密切相关的。

（1）形态特征

①成虫　长椭圆形，头密布刻点，刚羽化的成虫第一对翅柔软，为白色，第二天微黄色，第三天深黄褐，第四天变黑色，坚硬成为鞘翅，体长7～19毫米，宽3～6毫米，身体重0.1～0.2克/只。体分头、胸、腹三部，共13节。

②卵 极小长径 0.7～1.2 毫米，短径 0.3～0.8 毫米，长椭圆形，乳白色，卵外表为卵壳，卵壳较脆软，易破裂，外被有黏液，被杂物覆盖起到保护作用。内层为卵黄膜，里面充满乳白色的卵内物质。在 27～32℃成虫产卵量最多，质量也高，低于 18℃很少交配产卵；低于 10℃不交配产卵。卵一般群集呈团状或散产于饲料中。

③幼虫 体壁较硬，无大毛，有光泽；体细长，唇基明显，即上唇与额间有明显缝线。老熟幼虫长 22～32 毫米，最宽处3～3.5 毫米，重 0.13～0.26 克，刚孵出幼虫白色体长约 2 毫米，以后蜕皮 9～12 次，每龄增长一些，体色渐变黄褐色。节间和腹面为黄白色。头壳较硬为深褐色。各转节腹面近端部有 2 根粗刺。

④蛹 刚由老熟幼虫变成的蛹乳白色，体表柔软，之后体色变灰色，体表变硬些，为典型的裸蛹，无毛，有光泽，鞘翅伸达第三腹节，腹部向腹面弯曲明显。蛹长 15～20 毫米，宽约 3 毫米，重 0.12～0.24 克/只。

(2) 生活史 自然界中，黄粉虫在南方年产 2～3 代，世代重叠，无越冬现象，冬季仍能正常发育。在北部地区一般一年产一代，很少 2 代，也有两年一代。以幼虫越冬，4 月上旬开始活动，5 月中旬开始化蛹、羽化为成虫。黄粉虫为完全变态昆虫，一生要经过卵、幼虫、蛹、成虫四个阶段，生活史及各阶段所经历的时间与环境温度、湿度、饲料、饲养管理密切相关，成虫性成熟后，自由交配，交配时雄虫爬到雌虫背上，雌虫继续觅食，在交配后 1～2 月内为产卵盛期，以后则产卵甚少。黄粉虫成虫的雌雄辨别较易，黄粉虫为雌雄异体，成虫期雌雄易辨认，雌性虫体一般大于雄性虫体，但外表基本一样，雌性成虫尾部很尖，产卵器下垂，伸出甲壳外面，所以它隔着网筛将卵产到接卵纸上。

在温度 20～32℃，空气相对湿度 65%条件下，卵化时间为

5～12 天，其中 20～24℃下为 10 天左右，25～29℃下为 6～7 天，30～32℃下 5～6 天，最适孵化温度是 21～26℃。在 33℃以上时，成虫寿命缩短，幼虫历期增长，产卵很少或不能产卵。当气温达 38℃以上时，成虫寿命只有 5 天，卵不能孵化，幼虫发育到 2～3 龄时皆死亡。

卵孵出的幼虫有 13～16 个龄期，在 15～32℃室温下蜕皮 9～20 次，多数 17～19 次，经历 75～200 天变为蛹，羽化率可达 93%～100%，此时，成虫性别比 1∶1，羽化后约经 4 天交尾产卵，夜间产卵在饲料表面，常数十粒粘在一起，表面粘有食物碎屑，雌虫寿命 1～4 个月不等，产卵 1.5 月后，产卵量下降，可以淘汰。如温度过高或过低，湿度不适的情况下，尤其在北方低温、低湿情况下，羽化时间延长，羽化率变低，往往出现黑色死蛹和干僵蛹，羽化期一般为 12～14 天。成虫经历 2～4 个月的繁殖期，在此期间，影响生殖主要因素是温度、空气相对湿度、营养、受精，在空气中相对湿度 20%状况下，雌虫每天仅产卵 4 粒，而在 65%情况下可产卵 102 粒，若湿度达 100%时，幼虫生长到 2～3 龄时即大部分死亡。在适宜的温度、湿度及营养状况下，尤其是在增加蛋白质供应条件下，成虫的产卵量可以成倍增加，且可延长成虫寿命及繁殖时间。

幼虫食性与成虫一样，但不同的饲料直接影响到幼虫的生长发育。合理的饲料配方，较好的营养，可加快生长速度，降低养殖成本。在一定温、湿度情况下，饲料的营养成分是幼虫生长的关键。若以合理的复合饲料喂养不仅成本低，而且能回忆生长速度，提高繁殖率。在幼虫长到 3～8 龄期时停止喂饲料，幼虫耐饥可达 6 个月以上。

(3) 生活习性　黄粉虫成虫虽然有翅，但绝大多数不飞，即使个别的飞，也飞不远。成虫羽化后 4～5 天开始交配产卵。交配活动不分白天黑夜，但夜里多于白天。1 次交配需几小时，一生中多次交配，多次产卵，每次产卵 6～15 粒，每只雌成虫一生可产卵30～350粒，多数为150～200粒。卵粘于容器底部或饲料上。成虫的寿命3～4个月。黄粉虫原为世界分布性粮仓害虫，在自然条件下，北方一般一年一代，南方一年两代，以老熟幼虫越冬，每年5月底至6月初化蛹，6月中旬羽化，7月中旬开始产卵，10月初老熟幼虫又进入越冬期，人工驯养条件好的，一年三代，生活史同期缩短，但仍保持许多野生习性。

①群集性　该虫不论幼虫及成虫均集群生活，而且在集群生活下生长发育与繁殖得更好，这就为高密度工厂养殖奠定了基础。但应注意，在人工饲养条件下，由于蛹只能扭动腹部，不能前行，而群集生活的黄粉虫生育期限及个体发育不尽相同，就会出现啃食蛹的现象，只要蛹的体壁被咬一个极小的伤口，蛹便会死亡或羽化出畸形成虫。

②负趋光性　黄粉虫的幼虫及成虫均避强光，在弱光及黑暗中活动性强。这是因为黄粉虫子幼虫复眼完全退化，仅有单眼6对，因而怕光，成虫也一样，它们主要是以触角及感觉器官来导向的。

③假死性　幼虫及成虫遇强刺激或天敌时即装死不动，这是逃避敌害的一种适应性。

④杂食性　黄粉虫原以粮食为食，人工饲养下以粮食加工后的糠麸类、叶菜、根茎、瓜果等为食，也食死蛹、死成虫及其他动物尸体，成为杂食性。

⑤雌雄比例及交配　黄粉虫的自然雌雄比例一般为1∶1。如果环境好，雌性数量会增加，雌、雄比例可达3.5～5∶1。如果生存环境不好，缺少饲料，雄性黄粉虫数量会超过雌性，雌、雄比例达1∶4，而且成活率低。人工养殖黄粉虫在投放种虫时的雌雄比例要求为1∶1。

⑥其他习性　生长繁殖的最适温度25～32℃，空气相对湿度是65%～70%。0～8℃休眠，0℃以下冷冻致死，38℃以上则高温致死。35～37℃烦躁不安，可能发生逃走，黄粉虫在水中因

气孔受阻很快窒息而死。黄粉虫对干旱的耐性较高，尤其是幼虫可以粮食及其副产品为食，在不供叶芽类的情况下生活半年以上，黄粉虫在0～8℃时抗逆性较差，幼虫在半年内成活率可达60%～80%，蛹则下降为30%，而成虫在一个月内全部死亡。

2. 养殖场所及设备

（1）养殖场地的选择 黄粉虫的养虫场应有电源、交通方便，以利于运输饲料、虫粪及黄粉虫，养虫场最好附近设有饲料种植场地。养虫室宜坐北朝南，有通风、控温、控湿及遮光设施，虫室可分成种虫室及幼虫室，室内地面一般水泥地为好。

（2）饲养室 种虫室饲养成虫产卵，并定期将收集的卵进行孵化，幼虫室饲养1～2月龄后的幼虫，种虫养于种虫箱内。饲养室要透光、通风，冬季要有取暖保温设备。饲养室的大小，可视其养殖黄粉虫的多少而定。一般情况下每20米^{2}的一间房能养300～500盘。

饲养房内部要求温度冬、夏都要保持在15～25℃。低于10℃以下虫不食也不生长，超过30℃以上虫体发热会烧死。湿度要保持在60%～70%，地面不宜过湿，冬季要取暖，如冬季不养可自然越冬，夏季要通风。室内备有温度计、湿度计。

（3）饲养箱 饲养箱的规格、大小可视其养殖规模和使用空间而确定，可大可小，但要求箱内壁光滑，不能让幼虫爬出和成虫逃跑。种虫箱尺寸一般为长60厘米，宽40厘米，高6厘米，其下底为18目铁丝网，网眼大小能使成虫可以伸出腹端产卵器至铁丝网下麸皮中产卵为宜，但不能使虫整个身体钻出网外，6厘米高处四面侧壁上缘贴透明胶带，防成虫爬出箱外。

每个种虫箱网下均垫一块面积略大于网底的胶合板，胶合板上垫一张同等大小的旧报纸，铁丝网与旧报纸间，匀撒满麸皮，铁丝网上放些颗粒饵料和菜叶。每个种虫箱内养成虫0.1～1千克，每个种虫箱连同垫板垫纸以一定的角度层叠1.5米左右高。

筛盘、筛子：用粗细几种铁筛网，12目大孔的可以筛虫卵。

30 目中孔的可以筛虫粪。60 目的小孔筛网，可筛1～2 龄幼虫。

孵化箱与幼虫箱的尺寸一样为长 60 厘米，宽 40 厘米，高 8 厘米，塑料和木质均可，木质虫箱四壁及底面间不得有缝隙，侧壁上缘也应贴胶带，以防幼虫外逃，1～2 月龄以上的幼虫应养于木质箱内，以增加空气的通透性，防止水蒸气凝集，孵化箱和幼虫箱底面不是铁丝网，而是塑料或木质底板，各箱间均以一定角度相互叠至 1.5 米高，箱堆间应留人行道或 20 厘米以上间隔，以便于管理或通风透气。

3. 饲养管理

(1) 优良种虫的选择，健康种虫的选育 与其他养殖业一样，黄粉虫的品种对其饲养和生产也十分重要。多年的人工饲养以后，大多数虫种也出现逐渐退化的现象，繁殖力下降，生长慢，个头变小，以及抗病力下降等。由此可见，养殖黄粉虫最重要的是有种虫。成龄幼虫、蛹、成虫都可做种虫。饲养到不同虫期，按黄粉虫的养殖技术，认真挑选蛹、成虫，除去病虫，筛好卵，使各虫期同步繁殖，达到提纯复壮，买到成龄幼虫后，将其放入盛有麦麸的木盘中喂养，添加新鲜菜。认真观察化蛹情况，再将筛盘放入盛有饲料的木盘中，待蛹羽化成成虫。如此时也买到蛹，将它与两天内化的蛹放在一起，每 0.5 千克蛹放在一个盛有麦麸的筛盘中，再放在盛有饲料的木盘中，编号上架，待其羽化，注意清除死蛹。再如买到成虫，将其放在盛有饲料的筛盘中，每隔 7 天，将成虫筛出换盘。筛下的饲料中混有卵，放在木盘中，继续孵化，经过细心挑选和饲养的各期虫，都可以作种虫繁殖，不过最好还是用成龄幼虫作种虫为好。最好是从生长快速、肥壮的老熟幼虫箱中选择刚变出的健康、肥壮蛹，用手轻拿放入孵化箱，选蛹时切勿用劲捏，不能用力甩扔，以防蛹体受到损伤，选蛹要及时，应在化蛹后 8 小时内选出，以防被幼虫咬伤，每箱先留蛹 1.2 千克，约在 0.25 米^2 的箱内放 2 500～10 000只，匀铺一层在箱底，其上盖旧报纸一张，蛹在箱底不能堆积过厚，不能挤压，放后不能翻动撞击，挑蛹前要洗手，防化学物品（烟、酒、化妆品、药剂）接触损害蛹体。将蛹箱送入种虫室，并使各箱按一定的角度层叠成至1.5米左右高，将蛹羽化温度控制在25～30℃，空气相对湿度65%～75%，6～8天将有90%以上蛹化为成虫。由于同一批蛹羽化速度有差异，为防早羽化的成虫咬伤未羽化的蛹，每天早晚要将盖蛹的报纸轻轻揭起，将爬附在旧报纸下面的成虫轻轻抖入种成虫箱。如此经2～3天操作，可收取90%的健康羽化成虫，每个种虫箱内放成虫1千克约10 000只，在良好的饲养管理下每千克种成虫2个月内约产卵60万粒。孵出幼虫50万只，经饲养3～4个月后可收获老熟幼虫40千克。

(2) 种成虫的饲养管理 控制室温在25～32℃，空气相对湿度65%～70%，室内为黑暗或弱光。羽化后1～3天成虫外翅由白变黄变黑，活动性由弱变强，此期间可不投喂饲料，羽化后4天成虫开始交配产卵，进入繁殖高峰期，每天早晨应投放适量全价颗粒饲料（麸皮45%，面粉20%，玉米面6%，鱼粉5%，豆饼24%或麦麸40%，玉米粉40%，豆饼18%，饲用复合维生素0.5%，混合盐1.5%），本配方主要用于饲喂成虫和幼虫；或麦麸75%，鱼粉4%，玉米粉15%，食糖4%，饲用复合维生素0.8%，混合盐1.2%，主要用于喂养产卵期的成虫；或纯麦粉（质量较差的麦子或麦芽等磨成的粉含麸）95%，食糖2%，蜂王浆0.2%，饲用复合维生素0.4%，混合盐2.4%，本配方主要用于饲喂繁殖育种的成虫；或单用麦麸喂养，在冬季加适量玉米粉，并在100千克饲料中添加维生素3克，微量元素添加剂50克。另加适量的富含水分的叶菜类，每隔2天换一次产卵纸及其上面的麸皮。注意的是，精料使用前要消毒晒干备用，新鲜麦麸也可以直接使用。青料要洗去泥土，晾干再喂。不要把过多的水分带进饲养槽，以防饲料发霉。发霉的饲料最好不要投喂。

成虫繁殖期内，有部分成虫繁殖后死亡，对这种自然死亡的成虫，不必挑出，不久即被活成虫啃食而剩下鞘翅及头部，这样可弥补活成虫的营养。

饲养种成虫时要经常的检查种虫箱，及时堵塞种虫箱孔及缝隙，保持胶带的完整与光滑，防止室温过高及天敌的侵入。种成虫产卵 2 个月后，为提高种虫箱及空间的利用率，提高孵化率和成活率，最好将全箱种虫淘汰，以新成虫取代。淘汰的种虫可作为饵料投喂林蛙。

为控制种虫室的适宜的温、湿度，在夏季应做好通风降温、降湿工作，还要设置门帘、纱窗，防止苍蝇进入。在成虫室内不能使用化学农药灭蚊、蝇，否则也会杀死黄粉虫成虫和幼虫。同样，接触过杀虫农药的叶菜类也不能投喂成虫。冬季，种成虫应做好保温、增湿工作。

种成虫箱及孵化箱的层叠角度及层叠的箱高、数量要根据控制适宜温度、湿度和通风需要而定。

（3）卵孵化期的管理 黄粉虫孵化箱就在成虫室内孵化。管理要点如下：

①放置好孵化箱，充分利用空间，方便管理，利于通风、控温、控湿。

②提供最适孵化温度（21～27℃）及相对湿度 65%。

③防鼠害、防虫害。

④孵化后及时将孵化箱运至幼虫室内，并及时运进新卵箱进行孵化。

（4）幼虫的饲养管理 我们饲养黄粉虫的目的就是获得其幼虫作为林蛙日常的动物性饵料，因此，幼虫的饲养至关重要，在温度 20～35℃，空气相对湿度 50%～70%，投喂麸皮与叶菜类情况下，幼虫期大约 120 天，为方便于饲养管理起见，将 0～1 月龄幼虫称为小幼虫，1～2 月龄幼虫称为中幼虫，2～4 月龄幼虫称为大幼虫，变蛹前幼虫称为老熟幼虫。

①小幼虫的饲养管理 黄粉虫的卵经 6～7 天卵化后，头部

先钻出卵壳，体长约 2 毫米，它啃食部分卵膜后爬至孵化箱麸皮内，并以麸皮为食，此时应去掉旧报纸，将麸皮连同小幼虫抖入箱内饲养，长到 4～5 毫米时，体色变淡，停食 1～2 天便开始第一次蜕皮。蜕皮后体白，约 2 天后又变成淡黄色，一般每 4～6 天蜕皮一次，1 个月内通过 4 次蜕皮逐渐长大成为体长 6～10 毫米，体宽 0.6～1 毫米的中幼虫，该期饲养管理简单，控制料温在 20～32℃，最适料温 27～32℃。空气相对湿度为 65%～70%。经常在麸皮表面撒布少量叶菜碎片，使其含水量达到 20%。当麸皮吃完均变成微球形虫粪时，可适当撒一些麸皮，当达 1 月龄时即用 80 目网过筛，将剩下的中幼虫均匀分到两个幼虫箱中饲养。

值得注意的是，小幼虫耗料虽少，但孵出后即应供给饲料，否则小幼虫会啃食卵和刚孵出的幼虫。

②中幼虫的饲养管理　1～2 月龄的中幼虫生长发育增快，耗料渐多，排粪也增多，通过 1 个月的饲养管理，中幼虫经 5～8 次蜕皮，体长可达 10～20 毫米，体宽 1～2 毫米，平均个体重 0.07～0.15 克，在管理上应做到：虫群内温度控制在 20～32℃，最适温度 27～32℃，空气相对湿度为 65%～70%室内黑暗或散弱光照。每天早晚各投喂麸皮，叶菜类碎片一次，投喂量为虫体重的 10%左右或喂麦麸 70%，玉米粉 25%，大豆 4.5%，饲用复合维生素 0.5%。实际喂量要看虫体健康、虫日龄、环境条件等灵活掌握。每 7～10 天筛除粪一次，筛孔约 40 目。2 月龄时筛除粪后将每箱大幼虫分成 2 份放入大幼虫箱。

③大幼虫的饲养管理　蜕皮 8 次，大约 2 月龄后的大幼虫，在正常饲养管理下，摄食多，生长发育快，排粪多。当蜕皮第 13～15 次后即成为老熟幼虫。大幼虫群集厚度为1～1.5 厘米，不得厚于 2 厘米。稀密度养殖时每箱也可达5 000条。老熟幼虫摄食渐少，不久则变为蛹。当老熟幼虫体长达到 22～32 毫米时，体重即达到最大值。这时的老熟幼虫是用于作林蛙饵料的最佳

期。此期管理要点是：控制料温在20～32℃，最适料温27～32℃。根据大幼虫实际摄食量充分供给麸皮及叶菜，做到当日投料，当日吃完，粪化率达90%以上。每5～7日筛粪一次，筛粪同时用风扇吹除蜕皮。投喂叶菜类含水较多又新鲜，大虫喜食，但含水量又不能过多，投喂量也不能过多，否则可导致虫箱湿而使虫沾水死亡。

(5) 蛹羽化期的管理 老熟幼虫变蛹后至羽化为成虫前，蛹期为1～2周，蛹期外表看不吃不动，但体内却发生巨大变化，对外界环境条件很敏感，为了保证顺利高质量完成羽化过程，应认真做好蛹期管理工作。

①提供羽化所需的适宜温度24～32℃和空气相对湿度65%。

②保持室内清洁卫生，禁止室内吸烟，喷洒农药和卫生化学药品。

③不翻动，不挤压蛹体。

④及时取出羽化后的成虫，防止咬伤未羽化的蛹。

⑤切实防鼠、蚂蚁、蟋蟀，防漏雨、煤气、火灾。

(6) 在整个饲养过程中一定要注意下面几个问题：

①禁止非饲养人员进入饲养房。如非进入室内不可的人员，必须在门外用生石灰消毒。

②在黄粉虫的生活史中，变态是重要的环节，掌握好每个环节变态的时间、形体、特征，就能把握养殖的技术。

③饲料要新鲜，糠麸不变质，青菜不腐烂。

④在幼虫期，每蜕一次皮，更换饲料，及时筛粪，添加新饲料。在成虫期饲料底部有卵粒和虫粪，容易发霉，要及时换盘。

⑤为了加快繁殖生长，对幼虫，羽化后的成虫，在饲料中适当添加葡萄糖粉或维生素粉、鱼粉。每天都要喂鲜菜。

⑥饲养人员每天都要察看各虫期情况，如发现病虫、死虫应及时清除，防止病菌感染。

⑦黄粉虫的养殖要按计划进行。饲养虫量和养殖中国林蛙的

数量要衔接，使各龄的幼虫数量都要有完整的记录，才能保证黄粉虫养殖的成功。

⑧切实落实防除黄粉虫天敌的侵袭。防除黄粉虫天敌的方法有：

清水隔离法：用箱、盆等用具饲养黄粉虫时，把支撑箱、盆的4条短腿各放入1个能盛水的容器内，再把容器加满清水。只要容器内保持一定的水面，蚂蚁就不会侵染黄粉虫。

生石灰驱避法：可在养殖黄粉虫的缸、池、盆等器具四周，每平方米均匀撒施2～3千克生石灰，并保持生石灰的环形宽度20～30厘米，利用生石灰的腐蚀性，对黄粉虫的天敌有驱避作用，并且黄粉虫的天敌触及生石灰后，体表会粘上生石灰而感到不适，使黄粉虫的天敌不敢去袭击黄粉虫。

毒饵诱杀法：取硼砂50克、白糖400克、水800克，充分溶解后，分装在小器皿内，并放在蚂蚁经常出没的地方，蚂蚁闻到白糖气味时，极喜欢前来吸吮白糖液，而导致中毒死亡。

4. 疾病防治　黄粉虫在正常的饲养管理条件下，很少得病。但随着饲养密度的增加，其患病率也逐渐增大。因而，必须及时检查发现问题及时解决。

（1）软腐病　此病多发生于梅雨季节病因为湿度过大，粪便污染，饲料变质等及放养密度过大以及在幼虫清粪及分档过程中用力过度造成成虫体受伤。表现为幼虫行动迟缓，食欲下降，粪便稀清最后排黑便，身体渐变软、变黑，病虫排出之液体会传染其他虫子，若不及时处理，会造成整箱虫子死亡。治疗：发现软虫体要及时取出，停放青料，清理残食，调节室内湿度。用0.25克金霉素与麦麸250克混匀投喂。

（2）干枯病　虫体患病后，尾、头部干枯发展到全身干枯而死亡。

病因：是空气太干燥，饲料过干。

防治：在空气干燥季节，及时投喂青料，在地面上洒水，设水盆降温。

(3) 螨病 螨类对黄粉虫危害很大，造成虫体瘦弱，生长迟缓，孵化率低，繁殖力减弱。

病因：饲料湿度过大，气温过高。食物带螨。一般7～9月多发生。

防治方法：调节好室内空气湿度，夏季保持室内空气流通，防止食物带螨。饲料要密封贮存，米糠、麦麸最好消毒，待晾干后投服。特别在湿度过大的夏季雨天，所投青料必须干爽，不得投喂过湿青料，及时清除残食，保持虫箱清洁，及时拿到太阳下晒10分钟。

治疗：一般应用40%三氧杀螨醇1 000倍液喷洒墙角、饲养箱和饲料。注意不要乱扔带螨的残食。

5. 黄粉虫的运输和贮存 大批量生产的黄粉虫必然会遇到贮存与运输的问题。黄粉虫一般为活体幼虫运输。如果没有科学的运输方法，黄粉虫运输死亡率高，常达50%。有些养殖户用箱子、桶或袋子装虫运输，死亡率较高。但是如果同时在容器中混装虫子重量的30%～50%的虫粪或饲料，这样虫子在途中就很少死亡。原因是仅装虫子时，在运输过程中易受到惊扰，而不停地爬动，同时虫子密度过大互相拥挤摩擦发热，使局部环境温度增高，特别是夏季，虫间温度可达40℃以上，因而造成大量死亡。

在运输过程中应注意的是：选早、晚气温较低时上路；注意收听天气预报，抓紧在气温较低的1～2天内，赶快采运；运虫密度不能太大，使虫体有较大的活动空间，以便散热；尽量买小虫。相同数量的小虫比大虫产热量少得多。虽然小虫不能及时进入繁殖期，但从长期看，买小虫比买大虫经济得多；平均气温达32℃以上，途中又无法实施放冰袋等降温措施的，不宜长途运输。

(1) 活虫运输 在黄粉虫运输过程中，经常进行活虫运输，此时幼虫可用袋装、桶装或箱装，每10千克一箱，这样包装一般不会造成黄粉虫大量死亡。

①在运输包装箱内掺入为黄粉虫重量30%～50%的虫粪或饲料，与虫子搅拌均匀。虫粪可减少虫体间的接触，同时也可吸收一部分热量。

②以编织袋装虫及粪球，然后平摊于养虫箱底部，厚度不超过5厘米，箱子可以叠放装车，运输过程中要随时观察温度变化情况，如温度过高，要及时采取通风措施。气温在25℃以下时运输活虫，可不考虑降温措施；相反，在冬季，要考虑如何保温的问题。

(2) 冷冻贮存 若虫子产量大，一时用不完时，可以临时冷冻贮存。冷冻前应将虫子清洗后加以包装，待凉时至室温后，入箱冷冻，在－15℃以下的温度可以保鲜6个月以上，冷冻的虫子仍可作饲料用，包装虫子可用塑料袋包装，需要时可随时取用。

(3) 虫粉 将鲜虫放入锅内炒干或将鲜虫放入开水中煮死（1～2分钟）捞出，置通风处晒干，也可放烘干室烘干，然后用粉碎机粉碎即成虫粉。

(4) 虫浆 把鲜虫直接放入磨成虫浆后，再将虫浆拌入饲料中使用，或把虫浆与饲料混合后晒干备用。

6. 黄粉虫的应用价值 根据实验表明，每只幼蛙1年喂饲3个月，前1个半月每天采食幼虫3只，可食138只，后1个半月每天采食幼虫4只，可食144只，每只幼蛙饲虫成本为0.27元，每只成蛙1年喂4个月，每天采食幼虫4只，可食372只虫，每只成蛙饲虫的成本为0.40元。

根据实际喂养计算：养幼蛙10万只，需幼虫540千克。按计划养殖黄粉虫喂蛙，是保证中国林蛙养殖成功的关键，可根据实际情况操作。

（二）天然饵料的诱生法

在夏季，自然界中可产生许多昆虫，只要方法得当，也可以补充一部分林蛙饵料，下面介绍几种昆虫诱生方法。

1. 生虫袋法 将猪、鸡、牛等粪便与鲜杂草混匀后（鲜杂草要切碎成10厘米长），将入编织袋中要压实，码垛起来用塑料布封好，3～5天发酵以后，将其四周钻出许多小洞，放在阴凉潮湿、昆虫多的地方，4天后，袋中就诱集许多各类昆虫在其中内产卵生虫，此时将袋放入土池或网箱中，每池（箱）两袋，可以使林蛙得到更多种类的昆虫。

2. 野草捆扎法 在野外昆虫多的草丛中割取蒿草等杂草，捆成捆，一定捆实，每捆的直径约为0.5米，长约1米，10～20捆放一堆，上部用塑料布防雨，5～10天后，放入土池或网箱中，每池放2～3捆。

3. 树叶诱生法 在上述各种饲养方法中，都需要种类枝叶以利于林蛙经常的隐蔽，其中杨树叶生虫效果好，可以获得一举两得的作用，既当作隐蔽物，又可获得昆虫。具体方法是将杨树枝（带叶）最粗不超过拇指粗细，捆成直径0.4～0.5米一捆，一定要捆牢，堆放在野外，1周后，将其放入土池或网箱中。

4. 野生蝇蛆的培养方法 野生蝇蛆的种类很多，它们的幼虫是林蛙极好的动物性饲料。

方法1：野外生蛆法

可利用向阳土坡，在坡上挖大小1米^2，深0.6～1米的坑，上面用木板盖严，板上开一0.3～0.6米见方的玻璃窗，装置诱蝇口（蝇只能进不能出），坑底放鸡粪、牛粪、猪粪和稻草，使之发酵。在天晴时，投入死亡腐臭畜禽内脏，引野生蝇产卵，经1～5天，即可产蛆，每平方米可产蝇蛆9千克。

方法2：蝇蛆培养箱法

利用蝇蛆化蛹时，根据爬出培养物寻找地点化蛹的习性，在林蛙饲养土池上，或网箱上0.5米处安装，蝇蛆培养箱，利用旧木箱，将靠近两端的箱底拆除，保留中间部分，利用拆下的底板，钉在箱内底板的两端，以便装入粪便培养蝇蛆。在拆除箱底的部分，钉上一排木条，木条与木条之间的距离是1厘米。箱顶用物覆盖，防雨水入内。箱内装入新鲜的人、畜粪，并放入死鱼和其他动物尸体，引蝇类产卵，蝇蛆长成后，四处爬动寻找适宜的地方化蛹，当爬出粪框后，就会落入土池或网箱中，只要经常在箱内加入新鲜粪便，就经常有大量蝇蛆每天自动落入土池或网箱中，供林蛙采食，也可将其放入土池中或网箱中。

方法3：死水生虫法

取一个容器如盆、桶等，在其中放入1/3水，加入一些畜、禽粪，上面再入一些沤烂的杂草，6～7天以后在其中就可繁殖出各类昆虫，将其置放于土池中供蛙采食。或用黄豆0.5千克磨成浆，倒入一口可装40～50千克水的水缸，加入25千克鲜猪血和10千克水拌匀，1周后即可长出蛆虫。

（三）天然饵料的诱集法

1. 活动性采集 此种采集方法通常由采集者携带各种采集工具，如捕虫网、虫竿，就所到之处随手采集，所以，采集工具必须具有机动性，基本装备包括网具、吸虫管或吸虫瓶、毒瓶、采集箱等。采集方法依工具又可分为下列几种方法：

网捕：对于善跳会飞的昆虫，一般都要用捕虫网捕捉。

网的用法：空中的飞虫除非受到惊吓，否则飞翔中的蝴蝶都有一定的飞行方向。仔细观察蝴蝶飞行的高度、路径、速度，耐心等待，一定可以逮住；如果它飞得很快，或者会转向，网要迎向虫子挥去；如果蝴蝶飞得很慢，则网子就要从背后挥网。捕捉停在地面的虫子，捕虫子网要由上往下套；最好用一只手握住网杆，另一只手捏住网底，缓慢的接近虫子，轻轻的套下，虫子会往上冲，等虫子冲到网底，将网翻转，就可封住网袋，防止虫子逃走。无论如何，昆虫入网后，要继续挥动捕虫网使昆虫掉至网底，并要迅速转动网杆或甩网袋，其目的都是要使昆虫无法逃逸。

扫网：采集杂草或灌木丛间的昆虫，方法是在草丛或树丛中间来回挥动虫网。

水网：采集水中的昆虫，因为水的阻力较大，所以网框要较牢固，网袋要较浅，网目要大。

震落：栖息在灌木丛中的许多昆虫，受到振动惊吓，会掉落地面装死，所以可以手持木棍或徒手敲动树枝，让虫子掉下，另一手可将雨伞撑开倒持在底下承接。伞面颜色以浅色为佳，因为较易发现虫子。在树下也可用白布或白色塑料布铺在地面承接虫子，掉落的虫子可用徒手拾或吸虫管吸取。

受网：一种网口半圆形或弦形的网，主要用来采集栖息在较高树干上的昆虫，尺寸可小些，但虫杆长些较方便。使用时可用受网贴着昆虫自树干下方缓缓地将网上提，使虫子掉入网中；或受网置于昆虫下方，另用一只手持长竹竿将昆虫敲落到网中。

筛网：在土壤中或落叶腐殖质中有许多细小的昆虫，可在地面铺一块白色塑料布，上置筛网或用一纱窗网代替。将一堆落叶或土壤置于筛网上，轻轻晃动，在白色的塑料布发现昆虫，则用吸虫管吸起昆虫。

搜索：除去在外面活动的昆虫外，很多昆虫都是躲在各种隐蔽的地方，采集时要善于搜索，树皮和朽木、土中里头藏有许多昆虫，可用坚固小刀挖掘寻找。另外，翻动石块、砖头倒下的枯木也都藏有许多昆虫。其他如鸟、兽巢中亦有一些昆虫栖息。

2. 定点式采集 此类采集方法常被应用于长期而计划的在特定地区定时定量采集标本，主要是利用昆虫的特殊习性及趋性设置各种陷阱、引诱设置等。定点式的采集除了采集昆虫外，更可用来作为生态调查，族群消长的研究。定点式采集有下列数种方式：

土中置瓶法：对于一些在地面上活动的昆虫，可用此法诱集。在庭院、旷野、丛林中选择适当的位置，先除去附近杂草，再掘一坑洞，内置一大型广口瓶，瓶口和地面齐，上再覆盖板子、土、草，但板子和瓶口要留一些距离，如此，昆虫过瓶口便会掉入，可定期检查收集。如果目标是土中的跳虫类，则置于土中的器具宜用宽浅的容器，如脸盆、汤锅等，容器内置约2厘米的固定液，如10％福尔马林、70％酒精等。跳虫跃起碰着盖会掉入容器中。亦可置放腐鱼、腐肉、水果、粪便于瓶中，如此可诱集多数甲虫，并可因饵的不同，将可获得不同的种类。

布条诱集法：选择一通风良好，高度约1.5米的横枝条，缠上一块布条，布条上沾上发过酵的果汁或米酒，在附近守候，就可以了。

糖蜜诱集法：用黑糖7克，水80毫升，米酒10毫升混合，亦可用酒1份，黑糖和醋各4份，在小火上熬成糖浆，将其涂在树干上，为了防止蚁类在上面聚集，可在涂抹的位置上下方固以胶带。晚上涂抹，隔天清晨就可发现许多昆虫。

水边诱蝶法：沿着溪谷河床边，常可发现蝶道，可以在水边找一潮湿的沙地，将其修饰成直径约50厘米，周围较高，中心较低的圆凹沙地。先灌上尿液，再浇些烂水果汁在凹地上；就会引诱许多蝴蝶飞来，就可挥动捕虫网捕捉，捉到的头几只蝴蝶先将其捏死，置于陷阱上，如此，一个陷阱常可聚集数百只蝴蝶。

水中昆虫诱集法：以将1米见方的纱网四角固定绳上，中间置石块和腐肉或内脏，沉放至池底，放置一段时间后拉上，就可以收集到许多水栖昆虫，尤其在夜间拉上网，则收获会更佳。网也可用竹篮或塑料篮代替。

灯光诱集法：许多昆虫具有趋光性，夜间在路灯下常常有昆虫飞舞，或停在墙壁上，只要在灯下巡视，常可满载而归。在野外，如果没有光源，可利用50厘米见方的白布，四角绑上绳子，固定两树干间，布的前方的50厘米放置一盏登山用的煤气灯或瓦斯灯，或者用充电式手电筒皆可。光源最好用蓝色塑料纸罩在外面，蓝色的光源吸引昆虫效果较好。黑光灯，其诱虫效果较普通灯光要强得多。捕虫灯内有一个小风扇，可将被光诱引过来的昆虫吸入捕虫灯下的网袋中，网袋最好用致密的黑色细纱网。早上收虫灯时要先取下网，扎紧袋口，才能将电源关掉，以免虫子逃逸出网。使用夜间灯光采集，诱引效果和天空的明暗度成反比，所以在没有月光、无风闷热的夜间使用效果最好。

黄色水盘：黄色水盘除了采集大量蚜虫，亦可采集大量膜翅目及许多在地上爬的昆虫。其方法是将水盘埋在地下，水盘顶部和地表平齐，水中放些盐及没有任何香味的清洁剂。

糖饵诱虫法：某些昆虫对甜味特别敏感，当闻到甜味时，便匆匆飞来，因此可在池中设几个分盆，里面放些糖、酒和水的混合物，盆上面盖细铁丝网罩，防止昆虫溺到盆里。

植物诱虫法：不同植物对不同昆虫有诱引作用，棉花、玉米可诱集棉铃虫和玉米螟；芝麻诱集地老虎；杨树枝可诱集铃虫、黏虫、地老虎。在养殖池旁插杨树枝，成堆成束堆放，抖动树枝把，许多蛾会从枝束中飞出。

目前最有效的方法是引虫灯法诱集野外昆虫，这种方法在夏季是一种行之有效的补充饵料的方法。

在6～9月是引虫灯应用最好的时间，在林蛙土池或网箱上方悬挂诱虫灯，诱虫灯可用带玻璃罩的煤油灯、风灯、煤气灯和白炽灯、黑光灯，其中黑光灯的诱集效果最好，其他的诱集效果较差，并成本低且使用方便，此法受季节限制，只能作为一种补充部分饲料的方法。在具体应用时，灯的下方应放置一个昆虫收集器。

八、中国林蛙的捕捞及其产品的加工

中国林蛙野生资源分布很广，我国 16 个省、自治区、直辖市有分布。由于林蛙所独有的营养价值和药用价值，俗称大补品。又因其专摄取昆虫类食物，又称“纯绿色食品”。林蛙是延缓衰老、滋补强壮、增强机体免疫力的最佳进补良药。特别是林蛙油自古以来被认为是滋补强壮剂，可补虚，强精壮阳，养肺滋肾益肝。可治疗肾亏劳损、神经衰弱、心慌失眠、溢汗不止、身体虚弱等一切消耗性疾病。从古到今林蛙油出口世界各地，广泛应用于医药和保健品制造。因此，林蛙在国内外市场的价格一涨再涨，供不应求，尤其是林蛙油在国内外市场更是走俏，供需悬殊。

由于受经济利益的驱使，目前捕捉野生林蛙的人越来越多，人为的滥捕乱杀，甚至人们采取多种毁灭性手段（炸药、毒药、电击），对中国林蛙进行掠夺性捕杀，同时，人类大量砍伐森林使森林面积不断缩小，加之工业的发展使水环境受到污染，严重破坏了中国林蛙的生活环境，导致分布区缩小，使野生的中国林蛙越来越少，造成林蛙资源锐减，现林蛙已被国家环境保护总局和中华人民共和国濒危物种科学委员会列入《中国濒危动物红皮书》，按照世界自然保护联盟关于濒危物种的标准，中国林蛙被列为易危物种。

中国林蛙养殖的主要目的是药用和食用，开展中国林蛙的人工养殖一方面可以满足市场需求，提供大量的中药资源，为养殖户带来经济利益；另一方面对生物多样性及物种的保护具有积极的促进作用；同时，中国林蛙还是农业害虫的天敌，在农田和山林大面积放养中国林蛙对农业害虫起到生物防治作用，减少使用农药所造成的污染，既获得养殖效益，又维护了生态平衡，具有重要意义。

为了保护林蛙资源，一方面要保护好野生林蛙资源，同时要大力发展林蛙养殖业，只有这样才会取得更大的社会效益和经济效益，同时也会获得重大的生态效益。因此，在林蛙的捕捉和利用上，本着保护林蛙资源为原则，必须严格按照国家有关规定认真执行，只有这样才能真正使林蛙常在，做到永续利用，使林蛙资源达到良性循环。

（一）林蛙的捕捞

1. 林蛙的捕捞时机　林蛙一般寿命为 7～8 年，野生环境下生长 2 年以上即可捕收。但在捕捉时要注意对幼蛙以及体格较小的 2 年生小蛙的保护工作，捕捞小蛙不仅产量差，而且减少后续种源，破坏生态环境，只能造成恶性循环。

（1）捕捞林蛙的时机　捕捞林蛙是艰苦而又需要细致对待的工作，同时又是收获养殖产品取得经济效益的过程。捕捞林蛙要掌握以下三个方面问题：准确掌握捕捞时间，尤其要准确掌握集中入河时间；采用适当的捕捞工具和方法；正确选定捕捞地点。

①捕捞时间的确定　对于林蛙捕捞的时机，主要是确定林蛙集中入河的日期。林蛙的集中入河期一般只有几个晚上，一般林蛙下山后，会在短时间内半数以上的蛙群集中入河。因此，应做好集中入河期捕捉林蛙的准备工作，如果抓住了捕捉时机，加上捕蛙方法和工具适当，在一个晚上或两个晚上，可捕获一半以上数量的林蛙。这样集中捕捞，速度快，省工省时，降低生产成本。

②对林蛙集中入河期的判断，可以从日期、气象、物候三个方面进行判断和预测。

Ⅰ林蛙集中入河的日期，吉林省林蛙首次集中入河时间是在 9 月中旬至下旬。一般 9 月中旬，林蛙大都从山上转移到沟谷的小溪边，在 9 月末到 10 月初才完全进入水中。

Ⅱ林蛙集中入河的气候条件，降雨是林蛙下山入河的首要条件，从小雨到大雨，都能促使林蛙下山入河，但以中雨对林蛙下山入河最为有利。在降雨的同时气温在 10℃左右，水温低于 10℃，并且必须无大风的天气，才会出现林蛙大批集中入河的现象。有时虽然降雨，但温度低，有大风，林蛙便不会集中入河。

Ⅲ物候特征也能判断林蛙下山入河的时间。鞘翅目昆虫瓢虫的动态可作为林蛙下山入河的物候根据。当发生降雨的数小时之前，大量瓢虫集中活动，此即为降雨的先兆征候，也是林蛙下山入河的物候特征。

要从日期、气候、物候三个方面综合起来考虑，准确判断林蛙集中下山入河时间，从而为大批捕捞事先做好充分准备。

（2）捕捞方法和捕捞工具决定着捕捞的产量以及经济效益 要因地制宜，根据河流的自然条件，修建必需的捕捞设施，如小型水库、塑料薄膜围墙等。选择合理的捕捞方法和工具，不失时机地将商品蛙捕捉到手，取得应有的经济效益。本书介绍了一些捕蛙方法和工具，要根据各地条件灵活运用。有些地方，养出了许多蛙，由于捕捞方法不当，收获不到商品蛙，影响养蛙效益和养蛙积极性。

（3）捕蛙还要选择正确的捕捞地点 在养蛙区内，蛙的分布并不均衡，密度差别较大，因而在下山入河时自然有的河段密度大，有的河段密度小。这里说选择捕捞地点，是指捕捞时必须选择林蛙集中分布区的河段作为重点捕捞地点，采取各种合适的有效手段进行重点捕捉。

林蛙秋季捕捞时间从 9 月下旬至 10 月末，一个多月时间。此时的林蛙肥胖，林蛙油质量好，经济价值高，因此，秋季是林蛙最理想的捕捞季节。在整个捕捞期内要坚持白天捕捞与晚上捕捉结合，把商品蛙全部捕捉到手。秋季捕捞要注意资源保护，必须留下足够繁殖用的种蛙。

2. 捕捉林蛙的原则 捕捞林蛙的规格，林蛙必须生长到19个月以上才能发育成商品蛙。因此捕捞商品蛙应当捕捉19个月以上的蛙。有时因气候少雨而干燥、食物缺乏或蝌蚪期饲养管理不好，19个月以上不能发育为商品蛙，因此，如捕捉到这样的蛙，应该将其放入冬眠场，使其继续生长。严禁捕捉幼蛙，有些地方滥捕滥捉，成蛙、幼蛙一起捉，资源受到严重破坏。捕捞方法与资源关系密切。目前，东北农村采用的捕捉方法，有些破坏性很强，甚至有毁灭性的作用，如用毒药毒杀。很长一段河流里的鱼及其他水生动物全部毒死，破坏性十分严重，应当严加禁止。有些地方用大量炸药投入蛙和鱼集中栖息的深水湾，将成蛙、幼蛙及鱼全部炸死。这种方法破坏性也十分严重。本来深水湾是蛙的天然庇护所，资源遭受毁灭性破坏。炸药捕蛙方法应当严加取缔。利用强电击法捕捉林蛙，不仅对留种的成蛙有影响，对幼蛙具有毁灭性的伤害，也应禁止采用。

（二）林蛙产品的加工及林蛙油的鉴别

林蛙是我国珍贵的特种经济动物。林蛙全身是宝，不仅林蛙油具有较高的药用价值而备受人们的青睐外，林蛙的胆、卵、皮、头等提取物可制成黑色生命源、催眠素和高级功能性保健品，而林蛙肉、蛙籽又是人们进补强壮的美味佳肴，林蛙的内脏及骨骼可做饲料。因此，林蛙产品的加工是有效利用林蛙资源的重要组成部分。

1. 林蛙油的剥取及贮藏

林蛙油的剥取分为干制法和鲜制法两种。常用的加工方法是干制法。

①干制法 干制法加工林蛙油的方法包括烫死、穿串、干燥、软化、剥油、分等、包装等过程。

Ⅰ烫死：先准备 60～70℃的热水，盛在盆、罐等容器中，将活蛙放入水中烫死，需 15～20 秒钟时间，立即提出水外。烫蛙水温不宜超过 75℃，水温过高，能使蛙体皮肤及肌肉烫熟，并脱落下来。因此，要掌握好水温。

Ⅱ穿串：用细铁丝或麻绳可从蛙眼处或上下颌处穿透，连成长串，每串 30～60 只不等，根据所用的材料（铁丝可长一些）以及晾干的处所来定，穿成串的蛙体之间要保持一定的距离。蛙体之间距离大，通风易干；距离小，相互拥挤，不易干燥，特别是有粘连处容易发霉、腐烂。穿串时右手抓住蛙的体部，使蛙腹面朝前，左手拿铁丝，从下颌处向上颌处或眼部穿刺。穿串还要按蛙的个体大小分类，二年生、三年生、四年生以上分别穿串，以便于干燥时分别处理。

Ⅲ干燥：干燥方法有自然干燥法和机械干燥法。自然干燥法又分为日晒法和室内干燥法。根据条件选定干燥方法，确定场所，将蛙串系在事先固定的木棍上或钉子等处，在将串与串之间的距离和蛙与蛙之间距离摆开，让蛙体各部与空气接触，加快干燥速度。日晒法是将蛙串放在阳光下晒干。在晴天条件下，经六七天可基本晒干。但蛙的输卵管尚未干燥好，彻底干燥约需 10 天。此法的缺点是干燥时间长，且遇到阴雨天须放室内或进行遮雨，夜间需要搬回室内，防止上冻，费工费时。人工养殖林蛙产量大，需采用室内干燥法。室内干燥法，用火炕或火炉加温，保持室温 20～25℃，并有通气孔，经 4 天可基本干燥。室内干燥法主要是空气流通干燥，将蛙悬挂在空中，提高室内温度，加快干燥速度。此法较省力、干燥速度快、比较经济。不可将鲜蛙直接放在火炉上烘干，如若烘干，必须在空气中干燥 1 天使体重减轻 30%～40%之后，再在火炉上烘干，但一定要注意不能太热。机械干燥法是较好的干燥方法，机械干燥法是采用烘干箱进行干燥，温度定在 50～55℃，约经 48 小时可完全干燥。采用机械干燥法省时省力，速度快，加工出来的油块质量好，无污染，且在

50～55℃温度下可避免蛋白质、脂肪等的变性，提高油的营养价值。无论采用何种方法干燥，一定要防止油的腐烂变质，变成废油，失去其价值。

Ⅳ软化：从干燥好的蛙干中取出油块之前，首先要将干燥的蛙干进行软化处理，以便于取油操作。先将干制的蛙放于60～70℃的温水中，浸泡10分钟（注意：不要把口腔部浸入水中）左右，浸泡时间不宜过长，如水浸入腹腔，林蛙油即膨胀，且与卵巢粘在一起很难剥离，降低油的等级。将浸泡好的蛙取出后，装入盆里和其他容器里，用湿润的干净的厚布覆盖在容器上，以调节湿度。在温暖的室内，放置6～7小时，蛙体的皮肤和肌肉将变柔软，即可开始剥离林蛙油（输卵管）。

Ⅴ剥离：剥离林蛙油的方法有三种，一种是将蛙头自颈部向背面折断，从蛙体背侧将蛙体的背面连同脊柱一起撕下，将油取出。另一种是从腰部向背侧折断，撕下胸骨及脊柱，从背面剥开腹部取出油块。再有一种就是先将两前肢经左右方向朝上掰开，露出腹部，然后用锋利小刀或竹片剖开腹部，去掉内脏及卵巢而取出油块。剥油时要取出全部油块，不要遗忘小油块，特别注意不要丢掉延伸到肺根部附近的小块油块，并将黏附在油块上的内脏器官，如肝、肾、卵粒等从油块里全部挑出来。取完油的林蛙去掉内脏，其余部分可进行加工食用。刚刚剥出的油块其含水量较高，剥出后放在通风良好的、有阳光的地方进行晾晒，待干燥后，进行包装、保存。在干燥时应注意防冻，以免影响蛙油的质量。

②鲜剥法　鲜蛙剥油法，是将活蛙杀死之后，立即从体内取出输卵管，晾干后成干制的林蛙油。具体操作过程如下：

将活蛙装入桶内，用50～60℃热水烫死，经蛙体正中线用剪刀（或用刮脸刀等）剪开，再向左右各剪开一横口。剥开内脏，用小镊子夹住并提起输卵管，先从下部连接子宫的部位切断。剪刀沿输卵管背面将输卵管系膜剪断，一边剪一边用镊子提输卵管，一直剪到肺根附近，将输卵管全部剪下来。剪下一根之后，再将另一输卵管剪下来。输卵管放木板上，用剪刀将系膜全部剥离下来，使输卵管伸展开来，变成直管，挂在绳上进行晒干，注意防止灰尘，污染输卵管。如果粘上灰尘，就无法除去，因此，最好用烘干箱进行干燥，在 50～60℃条件下经 2～4 小时即可干透。从蛙体直接剥取输卵管，不剪开系膜也可干燥，并不影响油的质量。

2. 林蛙油的贮藏 经过晾晒、干燥后的林蛙油，按照块的大小、油的色泽等进行分类，分别包装。林蛙油可用木制、铁制、玻璃制的容器盛装，容器内衬油纸或白纸，油装入后，有条件的话可在箱内放入少量干燥剂，加盖密封。塑料薄膜的包装防潮效果较好。

林蛙油要放在干燥的环境贮存，防止潮湿发霉和生虫，夏季容易受鞘翅目拟步行虫科及天牛科昆虫的危害，应设法防除。一般采用白酒喷撒，或将启盖之酒放入林蛙油箱中让其蒸发，严封盖箱，达到灭虫之目的，另外用日光晒也能防潮灭虫。

总之，控制贮存环境的温度、湿度，使存放处保持凉爽、干燥、低温、低湿，切忌同时存放潮湿性的物品。同时，还应注意堆的底垫和高度，是保管的基本措施。

3. 林蛙油的分级标准 刚剥出的林蛙油，水分多，比较潮湿，要放到能通风的干燥处晾晒，经 3～5 天，待林蛙油充分干燥之后，以油的色泽、块的大小及杂物含量等国家收购规格分成四个等级。其等级标准如下：

一等：油色呈金黄色或黄白色，块大而整齐，有光泽而透明，干净无皮、无血筋及卵等其他杂物，干而不潮者。

二等：油呈淡黄色，干而纯净，肌膜、皮肤、卵籽及碎块等杂物不超过 1%，无碎末，干而不潮者。

三等：油色不纯白，不变质，油块较小，碎块和粉籽、皮肉等杂物不超过 5%，无碎末及其他杂物，干而不潮者。

四等（等外）：油色较杂，带有红色、黑色、白色等颜色，有少量皮、肌肉、粉籽及其他杂物，但不超过10%，干而不潮者。

4. 劣质油产生的原因及防止方法 在林蛙油的采收、加工、贮藏等生产环节中，因操作不当，常出现一些次品油，其质量低劣，甚至会影响林蛙油的药用功效。药材加工生产部门把这些油区分为红油、黑油、冻油3种，下面介绍这些次品油产生的原因与预防方法。

(1) 红油 外观呈血红色，轻者油块上出现红色斑点，重者全变为红色，形成红油的主要原因，是因为冬季捕捞时没做防寒、防冻处理而造成的，在冰冻期间捕捞林蛙时，将林蛙从水中捞出后，因林蛙本身的温度不超过4℃，如无防寒措施，很容易冻伤。冰冻时间稍长，内脏器官将结冰，使输卵管上的毛细血管破裂。待把林蛙拿到室内，冰冻溶解，蛙体苏醒，血液循环加快，血液便从破裂的毛细血管流入周围组织中，使输卵管和外表及腺体都染成红色，干制之后即形成“红油”。

防止形成红油的方法是在冰冻期捕捞林蛙要做好防寒工作，防止冻伤。将蛙装在盛有少量水的容器内，这样即使水结冰蛙体也不会冻伤，或用麻袋等防寒物加以包裹，可避免受冻。如已受冻，带回室内要立即用热水烫死，不让其苏醒。这样血液不能在输卵管上大量流出，就不能形成红油。红油在外观上不好，等级下降，但没有变质，在食用上无影响。

(2) 黑油 在林蛙干燥等加工过程中，由于卵巢、肝脏等脏器腐烂而造成的污染黑油，其质量受到严重影响，甚至可使输卵管腐败变质。

为避免出现黑油，要改进干制方法，必须放在通风良好的条件下干制。当遇到阴雨连绵的不良气候条件下，必须防止林蛙发霉腐败，必要时要用火炕或火炉等加温方法进行烘干。黑油是卵巢和肝脏腐败变质而污染了输卵管，最终导致输卵管变质。黑油实质上是变质油，不能食用。

(3) 冻油 冻油是在冰冻条件下干制而造成的。外观呈粉白色，不透明，质地松软，易碎，呈粉质状。蛙体放室外冰冻，直到水分蒸发掉，冰结晶破坏了输卵管的结构，并使胶状物质变成松软易碎的粉质状，质量低劣，失去林蛙油的基本特征。

冬季捕捞的林蛙在干制时要在室内进行，不要在室外冷冻，就可以避免造成冻油。

(三) 林蛙油的鉴别及化学成分

1. 林蛙油的性状及鉴别

(1) 输卵管解剖形态 林蛙的输卵管从外部形态来看，其全长粗细不均匀，前端细，中段渐渐加粗，近子宫部分输卵管横切面略侧扁，其长度超过体长的4倍。

不同季节的输卵管在外观上也有明显的差异，入蛰后输卵管均为乳白色，具油质光泽，出蛰后则变为淡黄白色，油质光泽消失，输卵管明显变细。

输卵管壁由被膜、肌层、腺体层和黏膜层四层结构组成。

被膜：是由体腔上皮形成的浆膜，由不规则细胞构成。被膜分布有毛细血管，血管内可见红细胞，呈椭圆形，细胞核较大。

肌层：位于被膜之下方，由3～5列平滑肌细胞构成。其厚度在输卵管前端较薄，中段及后端略厚。

腺体层：位于肌层内侧，主要由管状腺体构成。腺体细胞紧密，细胞间质少，每个腺体由17～24个短柱状腺细胞排列而成，腺体以输卵管内腔为中心，呈放射状排列。腺体为单管型，其底部呈盘曲，可分为开口部、颈部、体部和底部四个部分。

黏膜层：位于管腔内表面的具有纤毛的上皮细胞层，为单层柱状上皮。黏膜向输卵管腔突出形成不规则的皱褶，腺体开口部位于皱褶的凹陷部。每4～7个黏膜上皮细胞集成一束，上皮细胞束之间即有腺体开口。

(2) 林蛙油产品性状 其形状呈不规则的弯曲、相互重叠的厚块，略呈卵形，长1.5～2.7厘米，厚1.5～5毫米，或散成数十个小的如同大米或豌豆大的碎块。由膜质纤维联结，表面淡黄白色或黄白色，呈脂肪样光泽，外面偶尔带有灰白色的薄膜状的干皮或黑色裂痕，稍用力则成碎块。手摸有滑腻感，遇水可膨胀10～15倍。气味特殊，微甘，嚼之黏滑。

(3) 林蛙油的鉴别 从性状上来看，具有本商品的特有性状。林蛙油遇火易燃，离火息，燃烧时发泡，并有噼啪之响声，无烟，吸之有气焦油气，不刺鼻。林蛙油遇水膨胀，膨胀时输卵管壁破裂，24小时后呈白色棉絮状，体积可增大15～20倍，加热煮沸不溶化，手捏不粘手，脱水干燥后可恢复原样，但失去了光泽。

取林蛙油粉末，加1～2滴碘酒，静止数分，再加稀甘油数滴染色后，在显微镜下观察，呈金黄色，腺体较宽，直径130～210微米，腺体底部较宽，上端极狭，呈圆锥形。腺体开口，呈心脏形内凹，腺体内腔较宽，整个腺体充满细小纹理。腺体细胞肥大，呈长椭圆形，排列整齐，细胞壁细胞明显，靠腺体内腔一端较狭，细胞壁凸起，细胞核椭圆形，位于细胞中间稍偏向腺体内腔一面。腺体侧面观呈喇叭状，有5～8个细胞。

黑龙江林蛙输卵管，腺体细胞较短，呈方圆形，细胞核不太明显。腺体较狭，大约为林蛙油的3/4，腺体内腔宽度约为林蛙油的1/2。

2. 林蛙油的理化性质

(1) 荧光检查 林蛙油置紫外灯下呈棕色荧光；林蛙油的稀醇浸出液置紫外灯下呈浅粉色荧光。

(2) 化学定性 取本品0.1克溶于50%乙醇溶液中，取浸出液3毫升加6滴水合茚三酮试剂，沸水中加热5分钟后呈蓝紫色。

(3) 光谱分析

①红外光谱法　取蛤士蟆油丙酮浸出物（10 毫克/2 毫升），采用溴化钾压片法测其红外光谱。样品在1 750～1 700厘米$^{-1}$高频一侧具有肩峰的锐峰，峰位为1 720厘米$^{-1}$。

取蛤士蟆油 50%乙醇浸出液（5 毫克/毫升），以同样方法测其红外光谱，样品在1 500～1 350厘米$^{-1}$区间有一明显裂开的三重峰，峰位为1 470厘米$^{-1}$，1 420厘米$^{-1}$，1 390厘米$^{-1}$。

取蛤士蟆油粉末 1 毫克，以同样方法测其红外光谱，样品在1 350～1 200厘米$^{-1}$有两个明显的吸收峰，峰位为1 328～1 247厘米$^{-1}$，并且低频峰明显高于高频峰。

②紫外光谱法　取蛤士蟆油粉末 0.2 克，加乙醇 10 毫升，放置 12 小时，过滤供测试用。测试条件：扫描范围 400～200 纳米，吸收度量程 0～2 埃，狭缝宽度 2 纳米，波长标尺放大 40 纳米/厘米。样品在 270 纳米波长处有最大吸收峰。

（4）薄层层析　取样品 30 毫克，置沙氏提取器中用丙酮提取，提取液经 56～60℃水浴中挥去丙酮得浸膏。于浸膏中加入 2 倍量的 10%酒石酸液，在 50～60℃水浴中搅拌提取 2 小时，冷却，加 30%氯化钙乙醇液，振荡搅拌，滤去脂肪酸钙，将滤液中通入二氧化碳，过滤除去过剩的氯化钙，将滤液减压浓缩至 1/5 容量，冷却，移至分液漏斗中，用乙醚多次振摇提取，合并提液，以稀酸、碱以及蒸馏水洗至中性，用无水硫酸钠脱水，减压蒸除乙醚，残留物供分离提纯。取不皂化部分，溶于少量有机溶剂中，加少许氧化铝拌匀，挥尽溶剂后，加入氧化铝柱上，用苯、苯∶丙酮（4∶1 或 1∶1）、丙酮、甲醇依次洗脱、收集，蒸除溶剂得 5 种稠膏。将上述稠膏分别溶于少许有机溶剂中作供试液，以标准品雌二醇、胆固醇、维生素 A 为对照品，点于硅胶 G 薄层板上，以氯仿或二氯甲烷为展开剂，在同样溶剂系统中进行 3 次展开，用磷酸水溶液（1∶5）显色。

（5）膨胀度检查　取蛤士蟆油破碎成直径约 3 毫米的碎块，于 80℃干燥 4 小时，称取 0.2 克，按《中华人民共和国药典》

膨胀度测定法测定。开始 6 小时每小时振摇 1 次，然后静置 18 小时，倾去水液，读取样品膨胀后的体积计算。本品膨胀度不得低于 10～15。

3. 伪品林蛙油的鉴别 目前，在药材收购市场常见的蛤士蟆油伪品包括：中华蟾蜍输卵管、粗皮蛙输卵管、黑斑蛙输卵管、明太鱼精巢、马铃薯、甘薯加工品及琼脂蛋白胨加工品等。其鉴别要点如下。

(1) 中华蟾蜍输卵管 为蛙科动物中华蟾蜍的干燥输卵管。其表面呈乳白色或土黄色，无脂肪样光泽，手摸无滑腻感。输卵管呈粉条状弯曲盘旋，不堆黏成团，质坚有弹性，断裂后成段，不成块。气味微腥，味甘辛，麻舌。

中华大蟾蜍的输卵管，遇火易燃，与林蛙油相似，水试膨胀约 3 倍，输卵管管壁不破裂，只见粉条状物加粗，但形态不变，与水随变软，但不能将其拉直。断裂处呈蓬子头样膨状，但不呈棉絮状。

中华大蟾蜍的输卵管，腺体宽而短呈三角形，腺体内腔较粗，腺体开口凹陷较大。腺体细胞形态不一，排列不整齐，细胞较小，大约为林蛙腺体细胞的 1/4，腺体直径 50～170 微米，横切面观有 6～12 个细胞，细胞壁不明显，细胞核近圆形，位于腺体内腔一侧。腺体上细小纹理少，在显微镜下显得光亮而鲜艳。

在紫外灯下显亮黄绿色荧光。紫外光谱检查：在 267±3 纳米，229±2 纳米波长处有最大吸收峰。

(2) 粗皮蛙输卵管 为蛙科动物粗皮蛙的干燥输卵管。其表面为黄白色，无脂肪样光泽，手摸微有滑腻感。味咸辛，微麻舌。粉末特征：腺体直径 80～185 微米，横切面观有细胞 7～14 个，表面点状斑点较密。在紫外灯下观察，呈淡灰绿色荧光。水试膨胀约 6 倍。

(3) 黑斑蛙输卵管 为蛙科动物黑斑蛙的干燥输卵管。其表面为黄白色，具有脂肪样光泽。手摸滑腻感较弱，气味微腥，味微辛。粉末特征：腺体直径 70～130 微米，横切面观有细胞 7～14 个，表面被斑点。在紫外灯下观察，呈淡灰绿色荧光。水试膨胀约 10 倍。紫外光谱检查：在 270±1 纳米，221±3 纳米波长处有最大吸收峰。

(4) 明太鱼精巢　为鳕科动物明太鱼的精巢干制品。呈不规则片状或条状重叠集聚在一个系带上，片状断裂物呈小扇形翻卷成扭曲，大小不一，长 2～3 厘米，厚 1.8～4 厘米。有的碎块一侧带绿黑色干皮。表面黄白色或土黄，脂肪样，手摸有滑腻感。质硬而脆，无光泽，断裂有白茬，不整齐。有鱼腥气味，味咸，稍苦。

遇火易燃，燃烧处溶化蜷缩，并发出啪啪之声。有烟，燃烧后有烤鱼香气，遇水变为乳白色，稍有膨胀，为0.5～4 倍。形态不变，并有碎块脱落，使水呈混浊状，水面出现油滴漂浮，气极腥，煮沸来溶化，呈凝固状。

遇碘酒后迅速凝固，镜检没有腺体和腺细胞。精巢表面的细胞为多角形，不明显，清晰可见的是不规则的细胞碎块和细丝组成的条状物。

(5) 马铃薯加工品　为茄科植物马铃薯的块茎经蒸制后的加工品。呈不规则扁块状，大小不一，最大者不超过玉米粒。边缘有刀切痕，表面灰白色。半透明，角质样，掐之无痕出现，遇水稍有膨胀。水浸后表面膨胀层呈灰白色颗粒状，手摸之则脱落，内部仍有硬块。气味微，味淡。镜检：可见大量糊化淀粉粒及草酸钙结晶。

(6) 甘薯加工品　为旋花科植物甘薯的块根经蒸制后的加工品。其大小、形状与马铃薯加工品相似，但表面呈淡棕黄色。半透明，角质样，质坚硬。遇水膨胀较马铃薯加工品稍快。水浸后表面膨胀层较厚，手摸之有滑腻感。气味微甜。镜检：可见大量的糊化淀粉粒及草酸钙结晶。

(7) 琼脂蛋白胨加工品　呈团状、块状或弯曲粉条状，边缘有刀切痕，色灰白稍透明，有光泽，质轻有弹性，不易破碎和断裂，气味微淡。

遇火易燃，燃烧时蜷缩，并发出吱吱之声。有烟，焦煳气刺鼻，遇水膨胀小，中透明状，有韧性，煮沸后溶化，冷却后凝固。

遇碘酒不易着色，镜检只见大量的糊化团体。

4. 林蛙油的化学成分 精品中国林蛙油是集食、药、补为一体的纯绿色珍品。含动物蛋白 49.4%，脂肪 4%，含糖 10%、淀粉 4%。每 100 克林蛙油含 1.45 兆焦热能，含 19 种氨基酸，总量为 43.56 克。微量元素含量：钙 5.75%、磷 0.052%、铁 0.46%、钾 16.5%、钠 3.56%、镁 13.5%、锌 0.017%，尤其是锰的含量高达 0.6%（对人体有抗衰老的作用），含对人体有特殊功能的油酸 28%，亚油酸 13.2%，亚麻酸 17.6%，含有多种维生素和激素，对性功能和性周期有明显改善，具有补肾壮阳的神奇功效。

林蛙油中含有甲状腺素、睾酮、雌二醇、雌酮。微量元素、多种维生素、油酸、亚油酸、亚麻酸。蛙油中的蛋白质含有 18 种氨基酸。

林蛙油中含蛋白质 56.3%、脂肪 3.5%、矿物质 4.7%、无氮有机物 27.5%。含有人体必需的 18 种氨基酸和多种微量元素，还含有促进人体增高的甲状腺素，提高人体性功能的睾酮、雌醇、雌酮四种激素。

含蛋白质脂肪 24%，糖约 0.1%，维生素 A、B 族维生素、维生素 C、铁、硫等元素。

5. 林蛙油的药理作用 在许多中药文献中对林蛙油的作用都有记载，摘录部分如下：李时珍《本草纲目》记载：林蛙油具有“解虚劳发热，利水消肿、补虚损，尤益产妇”，“补虚损，解劳热。治身体虚弱，产后气虚百病”，“润肺养阴，补肾益精，补脑益智”，“坚益肾阳，化精添髓”，“神经衰弱，肺痨咳嗽，吐血，盗汗。脾肾虚寒，气不化精”，“为滋补强壮剂，能增加脂肪，补助体温。适用于身体虚弱，病后失调，久不复原等症”。

哈士蟆油的主要有效成分为蛙醇，具有“补肾益精、润肺养阴”的功效。专治肾虚气弱、精力耗损、记忆力减退、妇产出血、产后缺乳及神经衰弱等症。我国中医认为，可治疗“小儿赤气、肿疮脐伤、止痛、气不足、去劳劣、解势毒、利水消肿、虚劳咳嗽”，具有养肺滋肾之特效。

《中药大辞典》指出：林蛙油具有“坚益肾阳、化精添髓、泽润肺脏，为虚寒，气不化精之药”。《中药志》：“补虚、退热。治体虚，精力不足，神经衰弱”。《中药大辞典》：通过动物实验证实，林蛙多肽还能提高小鼠的游泳时间，促使雌幼鼠提前进入性成熟期，促进小鼠发育，可延长小鼠的性兴奋期等诸多的生理功能。《四川中药志》：“治病后失调和盗汗不止”。

林蛙油具有润肺养阴、补肾益精、补脑益智、提高人体免疫力、美容养颜、抗衰老等独特功效。

提高免疫能力：林蛙油含有雌二醇、辛酮等激素类物质，它具有的同化激素作用可促进人体内的蛋白质合成，尤其是免疫球蛋白的合成，提高人体对外来病菌的抵抗能力。

延缓衰老、美容养颜：林蛙油经充分溶胀后释放出的胶原蛋白质、氨基酸和核酸等物质，可促进人体、特别是皮肤组织的新陈代谢，保持肌肤光洁、细腻，保持肌体的年轻态、健康态。

林蛙油、林蛙多肽的应用研究：经研究表明，林蛙多肽在治疗神经衰弱、病后体虚、老年慢性气管炎、肺痨咳血等方面有独特的功效。

（四）林蛙油的服用方法

1. 林蛙油的浸泡方法　干油必须经水浸膨胀松软之后才能食用。

浸泡方法是，先用凉水将林蛙油冲洗，除去灰尘，摘去附着的卵粒、皮肌等物，再放入凉开水里浸泡。1克林蛙油加水15毫升，浸泡8～12小时。林蛙油泡好之后，颜色雪白，膨大，松软而有弹性。

浸泡林蛙油切不可用开水，一定要用凉开水或温水。开水浸泡，林蛙油受高热，蛋白质变性，失去吸水膨胀性能，变成坚硬块状物，无法食用。

浸泡用水要适量，水量过多，林蛙油吸收不了，剩余水中溶有蛙油的水溶性物质，降低林蛙油的营养效果。水量不足，林蛙油浸泡不开，不能吸收膨胀，油中间有硬心，需要加水重泡。水量适合，林蛙油充分吸水膨胀后，略有余水。

浸泡时间长短与室温有关，温度高，林蛙油吸水速度快，浸泡时间也短，6～8小时即可泡好。温度低，吸水速度慢，浸泡时间长，需8～12小时。林蛙油要随用随泡，当日用完。不可浸泡一次食用多日。

2. 林蛙油的服用方法 林蛙油服用有生服与熟服两种方法。

生服法：林蛙油泡好之后不经蒸煮而生食。其优点，林蛙油的某些成分，如激素、维生素等，不会因高温而破坏，可较好地保存林蛙油的完整营养价值。

熟服法：将浸泡好的林蛙油经过蒸煮熟化后再食用。一般多采用此种方法服用。将泡开的林蛙油装在碗里，放蒸锅里蒸30分钟，或者放锅里慢火水煮15～20分钟。在蒸煮时还可加几枚枣或几滴酒除去腥味。蒸煮之后即可服用。服用方法是：饭前服用，或当早餐服用均可。一般在林蛙油中加白糖调剂服用，也可以不加糖单独服用。

3. 林蛙油的其他服用方法

(1) 人参林蛙油 将人参水煮，过滤出水煎液，冷却后，用来浸泡林蛙油。泡开的林蛙油放入锅内蒸煮，冷却后服用。人参林蛙油具有人参和林蛙油双重营养，是比较好的林蛙油的食用方法。

（2）凉拌林蛙油 先将林蛙油用温水泡开，在锅里蒸煮，放凉，加入酱油、辣椒、粉丝、醋、糖、味精等调料，拌匀之后作为凉拌菜食用。

（3）拔丝林蛙油 先将林蛙油泡开，用蛋清、淀粉挂糊油炸，挂糖浆，其风味独特，是里软外脆的拔丝林蛙油。

（4）林蛙油冰淇淋 将林蛙油泡开，用纱布挤压过滤，除去杂质，使之变成细小的胶冻状颗粒，在加入牛奶、蛋黄、糖、橘汁及淀粉等搅拌均匀，倒入冷冻器中，即成营养丰富的林蛙油冰淇淋。

（5）林蛙油酒 选择品质优良的白酒1千克，将泡开林蛙油40克左右，放入酒中，封盖，放置1周左右后，即可饮用。

（五）林蛙的食用方法

林蛙是一种集药用、食补、美容三种兼容的经济动物，被誉为深山老林珍品，滋补健身极品。其药用历史悠久，具有“补肾益精，养阴润肺”之功效，常应用于身体虚弱、病后失调、精神不足、心悸失眠、盗汗不止、痨嗽咳血等。

随着人们生活水平的提高和市场经济的发展，中国林蛙上了餐桌，成为人们进补强壮的美味佳肴。

现将一些林蛙的食用方法收集介绍如下：

1. 蛙干制品的食用方法

（1）蛙干的加工 秋季捕捉的林蛙，雄蛙或取油后雌蛙制成蛙干，既便于保存和运输，食用起来风味也独特。加工方法：先将蛙放进60～70℃的水中烫死，然后刨开腹部，取出内脏，将蛙体放入水中清洗干净，在干燥制成蛙干即可。

（2）蛙干的烹饪方法

①银耳炖雪蛤 原料：蛤士蟆、雪耳、冰糖。

制作方法：哈士蟆去筋、膜，用温水涨发，雪耳用温水涨发透，去蒂。雪耳用小火炖烂，放入蛤士蟆、冰糖上笼蒸熟即成。

特点：色泽清澈透明、原料软糯适口、清火明目，生津止渴。

主要营养成分：含丰富的蛋白质、碳水化合物，维生素A、维生素B、维生素E和多种激素，是高级的滋补强壮品。

功能：补虚、强精、退热，适用于体质虚弱、乏力、神经衰弱、精力不遂、肺虚咳嗽，是酒席的佳肴和名贵的补品。

②冰糖哈士蟆羹　原料：哈士蟆干8克，冰糖150克。

制作方法：把哈士蟆放入温水泡30分钟，淘净放入碗中，掺水淹过，入笼蒸，再去杂质，用清水漂之。食用时开水氽热，加入制好的糖水即可。

功能：滋补肝肾，强筋壮骨。适用于肝肾不足、头昏眼花、视力减退、精力不足、肢软无力等。

③清炖哈士蟆　原料：哈士蟆干40克，净雏母鸡1千克，盐7.5克，白糖7.5克，胡椒面2克，葱5克，豌豆苗5克，姜5克。

制作方法：将哈士蟆干放入温水泡2小时左右，在净水中撕去黑丝和杂物，洗净后，放在碗里，待用。净雏母鸡洗净，剔骨，取肉，并将鸡肉切成3厘米见方的块，下锅煮1小时左右，在煮的过程中，要把血沫撇净，并加入3/4的调料。再把哈士蟆放入，加入葱段、姜片、开锅后煮10分钟左右，再把其余的1/4的调料放入，调好口味，盛入小碗，撒上洗净、消毒的豌豆苗，即可。

特点：味道清鲜，滋养补身，软滑爽口。

④参杞哈士蟆　原料：干哈士蟆，罐头青豆，冰糖，葱姜，人参，枸杞，甜酒汁、姜片。

功能：属补气的药膳，可补肺气、益脾气，增强全身机能，增强免疫力，增强人体与外界的适应能力。

2. 鲜蛙的食用方法　林蛙作为肉食品供应市场，可以活体上市，但保存期不长，从9月末到第二年3月；也可以冷冻上市，冷冻上市可延长保存期，易运输，上市比较方便，但肉的味道不如活蛙鲜美。活蛙无需处理，只要放在低于10℃，但不低于冰水混合物的环境中即可。

(1) 冷冻加工的方法 先将蛙烫死（60～70℃的水），摘除内脏，冲洗干净，分类进行冷冻。

整体冷冻：去掉内脏，将蛙体拉直后，分大小，整蛙进行冷冻。

剥皮冷冻：去掉内脏，剥掉皮肤，分大小，整蛙进行冷冻。

冷冻蛙腿：剥取皮肤，从尾杆骨后端切下两后肢，在去掉蹠部，进行冷冻。

(2) 鲜蛙的烹饪方法

林蛙酱汤原料：林蛙500克，豆腐一块，大酱、辣椒酱各一勺，葱、姜、花椒、味精、盐、野苏子等调料。

制作方法：先将林蛙用热水烫死，洗净。用豆油炒葱、大酱，放入各种调料和水。放入林蛙，炖1小时左右，放入豆腐，再炖一会儿，即可。

（六）林蛙的其他产品

1. 清蒸蛙肉罐头 以鲜活蛙雄性林蛙为原料，烫死后，摘除内脏，清洗，加入花椒、八角、茴香、桂皮等原料的汤汁，清煮15分钟，装罐，加盖，加压处理即可。

2. 五香蛙肉罐头 将雄性林蛙，汤死，去内脏，清洗之后，加入多种香料配制成的汁液，浸渍5小时左右，捞出沥干，放入豆油中炸成黄色，装罐即可。

参考文献

蔡青年．2001. 药用食用昆虫养殖．北京：中国农业大学出版社．

陈爱葵．1999. 昆虫养殖实用技术．北京：中国盲文出版社．

陈树林，董武子．2002. 庭院经济动物高效养殖新技术大全．北京：中国农业出版社．

陈彤．2000. 黄粉虫养殖与利用．北京：金盾出版社．

李利人，王廉章．1997. 中国林蛙养殖高产技术．北京：中国农业出版社．

马常夫．1991. 林蛙养殖．北京：中国林业出版社．

朴仁峰，常维国，金龙勋，等．1997. 林蛙养殖．延吉：东北朝鲜民族教育出版社．

卫功庆，白秀娟．2000. 林蛙养殖技术．北京：金盾出版社．

谢忠明．1999. 经济蛙类养殖技术．北京：中国农业出版社．

徐秋华，朴正吉．1996. 中国林蛙体温调节的基本特征．特产研究（2）：33-34.

杨桂芹．1999. 经济动物养殖技术．北京：中国林业出版社．

杨珍基，谭正英．1999. 蚯蚓养殖技术与开发利用．北京：中国农业出版社

图书在版编目（CIP）数据

林蛙养殖/刘学龙主编．—3版．—北京：中国农业出版社，2013.10

（最受养殖户欢迎的精品图书）

ISBN 978-7-109-18408-4

Ⅰ.①林…　Ⅱ.①刘…　Ⅲ.①林蛙－蛙类养殖　Ⅳ.①S966.3

中国版本图书馆CIP数据核字（2013）第232665号

中国农业出版社出版

（北京市朝阳区农展馆北路2号）

（邮政编码100125）

责任编辑　肖　邦

中国农业出版社印刷厂印刷　　新华书店北京发行所发行

2014年1月第3版　　2014年1月第3版北京第1次印刷

开本：850mm×1168mm 1/32　　印张：5.875

字数：140千字

定价：15.00元